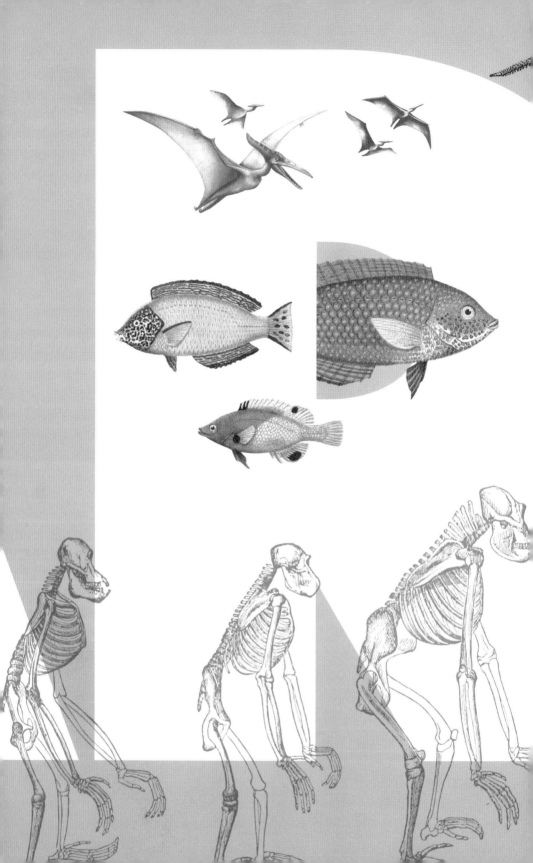

Pirula
BIÓLOGO FENÔMENO DO YOUTUBE

Reinaldo José Lopes
AUTOR DO LIVRO *1499,
O BRASIL ANTES DE CABRAL*

DARWIN SEM FRESCURA

*Como a ciência evolutiva
ajuda a explicar algumas
polêmicas da atualidade*

Harper Collins

Rio de Janeiro, 2024

Copyright © 2019 por Paulo Pedrosa e Reinaldo José Lopes
Todos os direitos desta publicação são reservados à Casa dos Livros Editora LTDA.
Nenhuma parte desta obra pode ser apropriada e estocada em sistema de banco de dados ou processo similar, em qualquer forma ou meio, seja eletrônico, de fotocópia, gravação etc., sem a permissão do detentor do copyright.

DIRETORA EDITORIAL
Raquel Cozer

COORDENADORA EDITORIAL
Malu Poleti

EDITORA
Diana Szylit

PREPARAÇÃO
Opus Editorial

REVISÃO
Bonie Santos
Guilherme Bernardo

CAPA, PROJETO GRÁFICO, DIAGRAMAÇÃO E PESQUISA ICONOGRÁFICA
Anderson Junqueira

IMAGENS DA CAPA
Archaeopteryx: ZHAO Chuang/PNSO
Fósseis: J. Erxleben/Commons
Peixe: Hein Nouwens/Shutterstock.com
Lírio: Sundra/Shutterstock.com
Libélula: Tania Anisimova/Shutterstock.com

IMAGENS DO LIVRO
p. 1: metha1819/Shutterstock.com
p. 2 (baleia): Alex Rockheart/Shutterstock.com
p. 2 (dinossauro): Puwadol Jaturawutthichai/Shutterstock.com
p. 4 (pterodáctilo): Catherine Glazkova/Shutterstock.com
p. 9 (vegetação): Hein Nouwens/Shutterstock.com
p. 43: Alex Rockheart/Shutterstock.com
p. 67: ZU_09/iStock.com
p. 124: Briseis Painter/Commons
p. 168: Hermann Schaaffhausen/Commons
p. 187: Matteo de Stefano/MUSE/Commons
p. 218: Ernst Haeckel/Commons
p. 223: James Fergusson/Commons
p. 225: Gustav Mützel/Commons

DADOS INTERNACIONAIS DE CATALOGAÇÃO NA PUBLICAÇÃO (CIP)
ANGÉLICA ILACQUA CRB-8/7057

P752d
Pirula
  Darwin sem frescura : como a ciência evolutiva ajuda a explicar algumas polêmicas da atualidade / Pirula, Reinaldo José Lopes. -- Rio de Janeiro : HarperCollins, 2019.
  240 p. : il.

  Bibliografia
  ISBN: 978-85-9508-469-8

  1. Vida - Origem 2. Evolução (Biologia) 3. Ciências 4. Seleção natural I. Título II. Lopes, Reinaldo José

19-0215   CDD 573.5
                                   CDU 576

Os pontos de vista desta obra são de responsabilidade de seu autor, não refletindo necessariamente a posição da HarperCollins Brasil, da HarperCollins Publishers ou de sua equipe editorial.

HarperCollins Brasil é uma marca licenciada à Casa dos Livros Editora LTDA.
Todos os direitos reservados à Casa dos Livros Editora LTDA.
Rua da Quitanda, 86, sala 601A — Centro
Rio de Janeiro, RJ — CEP 20091-005
Tel.: (21) 3175-1030
www.harpercollins.com.br

SUMÁRIO

12 *Apresentação*
O MELHOR DOS DOIS MUNDOS

14 **AGRADECIMENTOS**

16 *Brevíssima introdução*
EVOLUÇÃO SEM FRESCURA

18 *Capítulo 1*
AS PEÇAS DE LEGO DA EVOLUÇÃO

42 *Capítulo 2*
ELOS PERDIDOS?

66 *Capítulo 3*
QUANDO A VIDA QUASE SUMIU

98 *Capítulo 4*
COMO A EVOLUÇÃO ADICIONA INFORMAÇÃO AO GENOMA

124 *Capítulo 5*
HOMOSSEXUALIDADE É NATURAL, VIADA!

166 *Capítulo 6*
TROCA DE CASAIS NA PRÉ-HISTÓRIA

192 *Capítulo 7*
A EVOLUÇÃO DO CERTO E DO ERRADO

218 *Capítulo 8*
PASSADO RECENTE, PRESENTE E FUTURO DA EVOLUÇÃO HUMANA

Apresentação
O MELHOR DOS DOIS MUNDOS
Atila Iamarino

O que um elo perdido e um sacissauro de uma perna só têm a ver com hobbits paleolíticos? Muito, começando pela Evolução. E pela colaboração de dois autores muito complementares. Pirula é um biólogo, mestre e doutor em zoologia, com especialização na paleontologia de crocodilos (aqueles quase dinossauros, mas não tão legais), que discute ciência e em especial Evolução em seu canal em muitos (longos) vídeos. Reinaldo é jornalista, mestre e doutor em linguística, com especialização na obra de J.R.R. Tolkien (aquele do quase *Game of Thrones* que mata menos personagens e não mata a esperança), editor de ciência (por mais tempo que gostaria de admitir) nos principais meios impressos do país, como *Folha de S.Paulo*, *Scientific American*, *Ciência Hoje* e *Superinteressante*.

O resultado é o melhor dos dois mundos, em um livro que vai de uma introdução ao que é a Evolução e a diversificação da vida até o nosso senso de moral, em um contexto com exemplos muito raros em obras científicas – o brasileiro. A cada capítulo, fica fácil reconhecer o preciosismo, o cuidado com conceitos e as explicações claras que sempre espero dos vídeos do Pirula. E a leveza, o bom humor e a abrangência que encontro em cada texto e livro do Reinaldo que leio. Extinções, fossilização, como a Evolução cria novidades biológicas, cenas picantes do Paleolítico e até temas espinhosos como moral e a moral que esperamos dos nossos vizinhos... tudo isso é tratado por meio de conceitos e explicações que ajudam mesmo quem não tem familiaridade com a biologia a entender como a Evolução colocou o dedo (e muito mais) em todos os cantos da vida. Você vai sair mais informado, mais intrigado e com certeza se perguntando por que raios os dois não explicaram mais assuntos dessa forma antes.

Agradecimentos do **PIRULA**

Sem sombra de dúvida, a primeira pessoa a quem preciso agradecer é o Reinaldo. Eu fui surpreendido com o convite para escrever um livro ao lado dele, um autor de mão cheia, que já escreveu inúmeros títulos e textos que sempre admirei muito. Nem sei se estou à altura de seu talento e de sua "nerdice", mas adorei a experiência, e o primeiro livro é sempre algo que emociona. Agora me falta apenas ter um filho e plantar uma árvore. Além disso, o Reinaldo foi um parceiro e tanto na escrita destes capítulos, sempre revisando atentamente, dando sugestões e tendo a paciência necessária para lidar comigo. Em seguida, preciso agradecer enormemente aos amigos André Souza, Caio Gomes, André Rabelo e Ana Arantes pela revisão minuciosa de alguns dos capítulos, tarefa que aceitaram prontamente, de forma desprendida e generosa, e cujos apontamentos foram extremamente relevantes para que este livro ficasse pronto.

Agradeço aos meus pais, especialmente por serem compreensivos com as minhas poucas visitas. E por último, mas não menos importante, meu agradecimento à Carolina Jesper, por sua revisão impecável de todos os textos, pelas sugestões e melhorias, pelo incentivo, pela paciência necessária para lidar comigo, além de seu amor e carinho constantes, sem os quais eu não estaria aqui escrevendo livros. Ou sequer respirando.

Agradecimentos do **REINALDO**

Gostaria de agradecer, antes de mais nada, a generosidade do meu colega de livro, mestre Pirula, por abraçar a ideia de escrever estas páginas praticamente sem pensar duas vezes, mesmo com a rotina corrida de produzir vídeos, apresentar-se pelo Brasil em teatros e universidades, cuidar daquela barba de Zeus latino e paparicar seu gato. O fato de participarmos juntos da iniciativa Science Vlogs Brasil — o maior "condomínio" de divulgação científica do YouTube brasileiro, para quem não sabe — também ajudou muito, assim como o apoio e o companheirismo dos nossos colegas por lá. No toma lá dá cá de versões de capítulos ao longo de vários meses, ele sempre foi bem-humorado, gentil e um escritor de mão-cheia. Espero poder ler mais livros dele em breve — e fazer outros com ele também.

Agradeço finalmente à minha família — Tania, Miguel e Laura — pela paciência com a minha impaciência enquanto eu escrevia, e a todos os amigos, de longe e de perto, com quem mal tive tempo de bater um papo tranquilo nos últimos tempos. Prometo que daqui para a frente vai ser melhor.

Brevíssima introdução
EVOLUÇÃO SEM FRESCURA

Obrigado, obrigado de coração a você, pessoa que abriu este livro. O.k., a gente sabe que existem zilhões de volumes sobre Evolução por aí — embora ainda haja poucos, relativamente falando, em português do Brasil, e menos ainda escritos originalmente na nossa língua. Por que, então, você deveria comprar e ler este aqui em vez de qualquer coisa escrita pelo velho Richard Dawkins (que, aliás, recomendamos)?

Bem, nós discutimos exatamente isso na primeira conversa por telefone sobre os planos de escrever este livro, em algum momento de 2017. Na época, o Pirula fez uma observação interessante: "Cara, o problema é que o Dawkins é praticamente um lorde, um *Sir*. Embora ele seja muito didático, as referências literárias e até biológicas dele são muito focadas nesse universo inglês. A gente precisa de algo que atinja o pessoal daqui de um jeito mais direto".

Daí o livro que está nas suas mãos neste momento. Digamos, para simplificar, que o conceito por trás dele seja algo como "Evolução sem frescura", com referências, raciocínio e lógica que façam sentido para qualquer pessoa alfabetizada deste país. Ninguém aqui quer entrar para a Academia Brasileira de Letras (apesar de que, se convidarem, até aceitamos…): o que queremos é explicar a teoria mais importante da biologia da maneira mais clara, imediata e divertida possível e, o que é melhor, sem abrir mão da profundidade. Você quer detalhes? Terá detalhes, gentil leitor — de um jeito que conseguirá entender, pode apostar.

Uma palavrinha sobre os tópicos do livro antes de seguirmos em frente. É óbvio que o tema é vastíssimo — afinal de contas, literalmente *tudo* o que diz respeito aos seres vivos é impactado pela teoria da Evolução. Para isto aqui não virar uma enciclopédia, tivemos de fazer algumas escolhas com base no que achamos mais interessante, mais inovador ou que talvez toque mais diretamente as pessoas. Por isso, os capítulos iniciais tratam do básico: o que é a seleção natural, quais são os outros processos evolutivos essenciais, como interpretamos os fósseis (especialidade profissional do Pirula, paleontólogo com doutorado e tudo o mais) e as grandes extinções que moldaram a vida na Terra. Depois disso, falamos bastante da genômica, o estudo do DNA, que tem fortalecido ainda mais as bases da biologia evolutiva. E damos, é claro, peso considerável ao que sabemos sobre a evolução do ser humano, incluindo aspectos como a natureza da homossexualidade e o lado biológico das nossas ideias sobre o certo e o errado "morais". Tem até um pouco de futurologia no finalzinho.

Mais uma vez, a gente agradece o interesse — e deseja boa leitura!

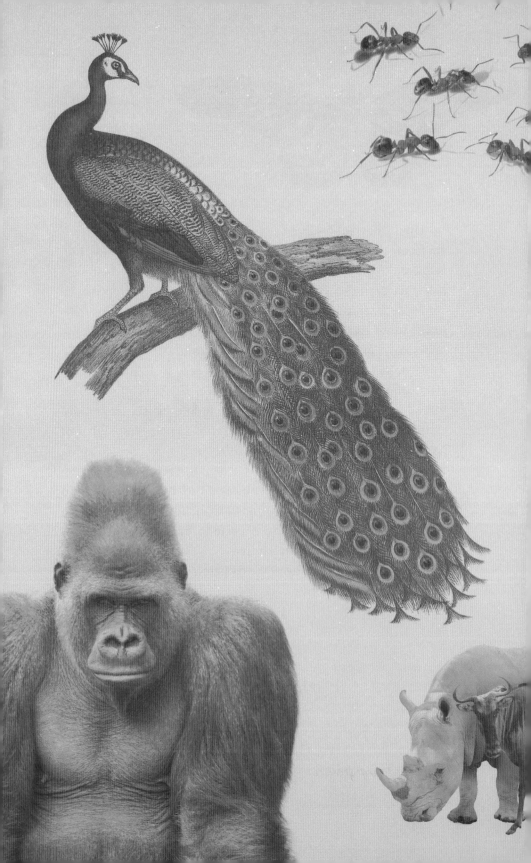

Capítulo 1
AS PEÇAS DE LEGO DA EVOLUÇÃO

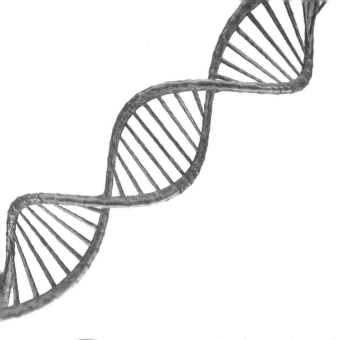

Se você quiser, pode ficar à vontade para ler os capítulos deste livro fora de ordem, do jeito que der na telha — menos este.

Falando sério: comece por aqui, especialmente se esta é a primeira vez que você tenta entender o tema pra valer. A teoria da Evolução tem esse nome não por ser "só uma teoria" (no sentido de "ideia chutada sem base em fatos"), como às vezes dizem os desinformados e os picaretas, mas porque é um conjunto consistente de conceitos que ajuda a dar sentido a uma quantidade gigantesca de dados sobre os seres vivos. Sem a teoria da Evolução, a história da vida na Terra não passaria, no fundo, de uma sucessão de fatos desconexos. Com ela, uma lógica avassaladora emerge — capaz não apenas de explicar o que já conhecemos, mas também de predizer o formato de peças do quebra-cabeça da vida que ainda nem chegamos a ver. Esse é o verdadeiro significado de "teoria" em ciência: poder explicativo e preditivo.

O termo-chave do parágrafo acima — e do capítulo inteiro — é "lógica". Claro que existem detalhes chatinhos e complicados de entender no que sabemos sobre a evolução dos seres vivos. Entretanto, as ideias centrais, das quais todo o resto deriva, são claras feito água de ribeirão quando a gente consegue desempacotá-las (água de ribeirão? É, a gente sabe, metáfora de caipira — culpa do Reinaldo, aquele capiau). Eis nossa tarefa neste capítulo: explicar os pontos centrais dessa lógica. Domine-os e você terá dado passos de gigante para entender qualquer fenômeno biológico. Portanto, vamos a eles.

SELEÇÃO NATURAL

Já disseram por aí que o conceito de seleção natural foi a melhor ideia que um ser humano teve em todos os tempos. Pode ser exagero, pode não ser, mas o fato é que ela é central para a biologia — e, o melhor de tudo, é fácil de entender, bastando ter um tiquinho de paciência.

Primeiro requisito para a seleção natural funcionar: a variabilidade natural entre os seres vivos dentro de cada espécie. Ninguém precisa se enfurnar na Amazônia ou mergulhar num recife de coral para se dar conta disso — basta olhar para as pessoas na rua ou comparar seu cachorro com o do vizinho. Animais (e plantas, e cogumelos, e micróbios) naturalmente diferem entre si em tamanho, coloração, química do organismo, comportamento.

Mas não basta variar. A variabilidade precisa ter um componente hereditário, ou seja, as diferenças visíveis e detectáveis entre um indivíduo e outro têm de surgir, ao menos em parte, de algo que pode ser passado de pai ou mãe para filho ou filha com certo grau de confiabilidade, de geração em geração. Para simplificar, a gente começa com o tipo mais comum de componente hereditário da variabilidade dos seres vivos: diferenças no genoma (o conjunto do DNA).

O genoma dos seres humanos, por exemplo, é formado por cerca de 3 bilhões de pares de "letras" químicas (se você gosta de comparações de cair o queixo, isso dá mais ou menos 8 mil vezes o número de caracteres com espaços no texto deste livro; seu DNA poderia ser uma biblioteca de 8 mil livros). Esses pares são formados por quatro "letrinhas" diferentes (as bases nitrogenadas), correspondentes às seguintes moléculas: A (adenina), T (timina), C (citosina) e G (guanina) — por razões bioquímicas que não vêm ao caso agora, o A só se pareia com o T, enquanto o C só se une ao G. Às vezes, ocorrem mutações: em essência, errinhos de cópia do DNA, que precisa ser replicado toda vez que uma célula do seu corpo dá origem a outras. Tais alterações podem ser coisas aparentemente bobas — a troca de uma única letra por outra, em meio a 3 bilhões — ou podem ser a duplicação ou a deleção de trechos pequenos ou grandes do genoma. Varia muito.

Se essas mutações acontecerem nos óvulos de uma moça ou nos espermatozoides de um rapaz, e se esses óvulos e/ou espermatozoides se unirem de forma a gerar um bebê, a criança carregará essa variação no DNA em seu organismo e poderá passar a dita-cuja aos próprios filhos algum dia. A natureza do genoma é tal que algumas mutações, pelo que sabemos, não fazem diferença nenhuma. Outras, porém, equivalem a uma mudança na "receita" usada pelas células para construir o organismo — pense no genoma como a enciclopédia de culinária (ou, vai saber, a WikipédiaCozinha) que contém todas essas receitas. E é mais ou menos isso o que explica as diferenças genéticas entre as pessoas que vemos por aí.

O.k., naturalmente você quer um exemplo concreto, então a gente vai usar um que está na moda: intolerância (e tolerância) à lactose. Tem gente que realmente não consegue digerir leite e derivados direito depois de adulta, porque seu sistema digestivo não sabe mais como "quebrar" a tal lactose, um tipo de molécula de açúcar encontrado no leite. Quem faz esse serviço de quebrar a molécula, dividindo a lactose em pedacinhos menores que o intestino consegue absorver, é a *lactase* (veja só como uma letra faz diferença), que pertence a um grupo de substâncias dedicadas a esse tipo de tarefa, chamadas enzimas. Na maioria das pessoas do mundo — talvez 65% delas —, as instruções contidas no DNA levam a uma espécie de desligamento da produção de lactase no sistema digestivo por volta dos cinco anos de idade. O que, afinal, faz sentido: durante milhões e milhões de anos, o único leite que nossos ancestrais tomavam era o do seio da mamãe quando eram pequenos.

Mas, veja você, a variabilidade genética ligada à produção de lactase existe e é bem relevante para a nossa conversa. Populações europeias, do Oriente Médio, da Ásia Central e de alguns lugares da

África carregam, com frequência relativamente elevada, mutações que essencialmente transformam o sujeito num eterno bebezão quando o assunto é leite. Ou seja: o organismo dessas pessoas nunca deixa de produzir lactase ao longo da vida. Isso acontece porque essas mutações, cada uma a seu modo (existem várias por aí), alteram a regulação do gene que contém a receita para a produção da lactase, quer dizer, em que circunstâncias ele é "lido" pelas células.

Bem, já temos nosso caso concreto de variabilidade genética. Falta o ingrediente final e decisivo para a seleção natural funcionar: a ligação entre a variação em certas características e o sucesso reprodutivo. "Ué? Sucesso reprodutivo? E a luta pela sobrevivência?", perguntará alguém por aí (é, você mesmo, não precisa ficar com vergonha, não). Sejamos claros agora: no que diz respeito à seleção natural, sobreviver com sucesso é importante, sem dúvida, mas só até o ponto em que isso ajuda o sujeito a deixar descendentes férteis neste planeta depois que ele partir. Gatinhos castrados podem levar vida de príncipes mundo afora, com longevidade capaz de deixar muita jaguatirica por aí vesga de inveja, mas eles basicamente perderam por w.o. na grande competição evolutiva. Características que ajudam um indivíduo a viver mais e/ou melhor não passam, no fundo, de jeitos mais ou menos complicados de aumentar as chances de que, um dia, ele faça o que realmente interessa: gerar prole.

Vamos voltar ao rolo da lactose/lactase. Recapitulando, há variação (pessoas diferentes reagem ao açúcar do leite de modo distinto) com componente hereditário (a intolerância à lactose ou a capacidade de digeri-la frequentemente, ainda que nem sempre, dependem das mutações que o sujeito carrega ou deixa de carregar). E sim, tudo indica que existe uma ligação forte entre variabilidade genética e sucesso reprodutivo, ao menos em algumas populações. Cabras, ovelhas e vacas começaram a ser domesticadas faz uns 10 mil anos, e não demorou muito para que o leite e seus derivados, além da carne dos bichos, começassem a ser consumidos por seres humanos adultos. O interessante é que as técnicas de extração de DNA de esqueletos humanos antigos permitem concluir que, na Europa, a frequência das mutações favoráveis à digestão de lactose durante a vida adulta era muito baixa (na faixa dos 5% ou menos) *antes* da domesticação de animais. E nos milênios *depois* da domesticação? A frequência dispara caso a cultura da região inclua grande consumo de laticínios, especialmente leite fresco. Na Europa Ocidental, por exemplo, as mutações pró-leite (ou "lactase-persistentes", se você quiser um termo mais científico) hoje estão presentes em algo entre 65% e 100% da população, dependendo do país (a taxa tende a aumentar conforme você vai para o norte e o oeste: irlandeses e escandinavos quase sempre são lactase-persistentes; com espanhóis e portugueses, a chance é bem menor, embora também seja alta).

Essa mudança é muito sugestiva de que a seleção natural está atuando: indivíduos com as mutações que ajudam a digerir leite têm mais chances de sobreviver e se reproduzir e, com isso, eles e seus descendentes vão se tornando cada vez mais comuns na população. Não é só na Europa que isso acontece, embora o caso lá seja o mais extremo; tribos de pastores da África Oriental, beduínos do Oriente Médio e os mongóis da Ásia também são populações nas quais há bastante gente lactase-persistente — cada uma à sua maneira, porque as alterações genéticas que produzem esse resultado são diferentes dependendo da região do planeta, como já mencionamos. Mas esses povos todos tinham algo em comum: a domesticação de animais que produziam leite consumível por adultos, uma lista que inclui mamíferos como camelos, cavalos, jumentos e cabras. Chineses? Quase sempre intolerantes à lactose — não por acaso, pois durante milênios eles não tiveram o costume de consumir leite *in natura*. Ainda hoje é difícil achar qualquer laticínio na China, onde praticamente não existe gado leiteiro.

E de que jeito essas variantes de DNA ajudaram seus portadores a se reproduzir com mais sucesso do que quem não conseguia digerir lactose? Há várias hipóteses. O açúcar do leite favorece a absorção do cálcio, um componente essencial dos ossos. O papel da lactose nisso pode ter sido ainda mais crucial em regiões frias, em que o Sol brilha menos ao longo do ano do que nos trópicos, porque os raios solares são importantes para que o corpo produza vitamina D, que também participa da incorporação do cálcio no organismo. Então, se você não pode contar com muita vitamina D por falta de luminosidade, a lactose quebra um galhão — e evita que você frature a perna subindo em uma árvore aos 10 anos de idade, morra e, aliás, nunca tenha filhos. Coincidência ou não, a combinação "pouca luz solar + consumo de leite puro" se encaixa nos países do norte da Europa, aqueles onde a proporção de adultos que digerem lactose é a maior do mundo. Outra possibilidade: o leite provavelmente era uma fonte crucial de líquido, de hidratação mesmo, quando havia algum tipo de epidemia causada por água contaminada com vírus e/ou bactérias. Quem bebia leite tinha menos risco de morrer desidratado. Leite ou cerveja, mas deixemos essa segunda possibilidade para outra hora.

Esse tipo de análise pode ser repetido para uma infinidade de outras características dos seres humanos e de outros seres vivos. É importante frisar o seguinte: até onde a gente sabe, apenas a seleção natural *parece* ser capaz de produzir e refinar *adaptações*, ou seja, aquilo que parece ter sido projetado para um fim específico nas criaturas vivas. Falando em frisar, frise mentalmente o "parece": uma adaptação nunca é conscientemente projetada, mas é o resultado do casamento entre um processo que é aleatório — o aparecimento da diversidade genética por meio das mutações — e outro que é altamente não aleatório e que, aliás, muitas vezes opera com a precisão de uma equação, porque só os que matematicamente se reproduzem mais ganham com ele. Essa é a essência da seleção natural: um algoritmo; ou seja, sempre que os elementos necessários para que ela ocorra estiverem presentes, ela vai ocorrer, como uma conta em uma calculadora automática, na qual você não precisa apertar nenhuma tecla para o cálculo acontecer.

Como estávamos tratando do caso relativamente simples da lactose e da lactase, um fator talvez tenha ficado meio obscurecido: a variabilidade genética quase sempre interage com o contexto ambiental, ainda mais quando as características peneiradas pela se-

leção natural envolvem a regulação não de um único gene mixuruca especializado na receita de uma enzima, mas de dezenas ou centenas de genes que, juntos, colaboram para a construção de uma característica complexa, como a inteligência ou o temperamento de uma pessoa. O mesmo gene pode ter impactos completamente diferentes no Ártico e na Amazônia – ou na periferia de Salvador e no palácio de Buckingham, onde variam fatores como a pessoa crescer sofrendo sucessivas infecções bacterianas ou ter uma infância totalmente saudável. E o termo "ambiente" inclui ainda o ambiente *antes de o sujeito nascer*: o ambiente intrauterino, isto é, tudo o que aconteceu com o organismo da mãe da pessoa durante a gestação. Gêmeos bivitelinos ou não idênticos, por exemplo, embora sejam geneticamente tão diferentes entre si quanto dois irmãos nascidos separadamente, compartilharam o mesmo ambiente intrauterino, o que com frequência faz diferença (inclusive para a própria maneira como os genes desses irmãos serão regulados ao longo da vida). O DNA explica muita coisa, mas quase nunca é a história toda.

Outro ponto muito importante: o tal *sucesso reprodutivo diferencial* de que estamos falando aqui é sempre *relativo*. Ou seja, você tem sempre de se perguntar "comparado com quem?" quando pensar na seleção natural. Você conhece a piada do mestre zen e do discípulo que estavam meditando na floresta quando, não mais que de repente, um urso faminto apareceu e começou a persegui-los? "Mestre, mestre", berrou o apavorado pupilo, "jamais vamos conseguir correr mais rápido que esse urso, ele vai nos devorar!". "Correr mais rápido que o urso? Pra quê? Eu só preciso correr mais rápido que você, moleque!", respondeu o mestre. É isso. Para se sair bem no que diz respeito à seleção natural, nenhum ser vivo precisa de adaptações mágicas que lhe confiram couro invulnerável e visão de raios X; basta ter um único filhote a mais que a concorrência.

Tudo que a gente disse até agora se aplica aos mais diferentes seres vivos da Terra, e é provável que funcione para todo o resto do Universo, porque a lógica da seleção natural não depende da presença de genes compostos por DNA nem do tipo de organismo ou

estrutura (podem ser moléculas, células, indivíduos, o que você imaginar). Dá para aplicar o conceito para entender, por exemplo, como células de câncer se espalham pelo corpo ou como certas variantes de vírus (seres que nem células têm e que talvez nem estejam exatamente vivos) se tornam mais comuns com o passar do tempo. E nem precisam ser vírus biológicos: vírus de computador também podem ser selecionados naturalmente, mesmo sem ter nenhum DNA envolvido. A seleção natural pode ser vista inclusive na formação de idiomas e até no sucesso ou fracasso de aspectos sociais, como marcas ou religiões. De fato, poucas ideias são tão poderosas quanto essa.

SELEÇÃO SEXUAL

O fato de a reprodução ser tão crucial, particularmente entre espécies que se propagam por meio daquela prática esquisita conhecida como sexo, explica muita coisa. "Sem você eu não sou ninguém" poderia ser apenas uma cantada brega, mas é literalmente verdade no jogo evolutivo das criaturas com reprodução sexuada. Nele, machos sem fêmeas ou fêmeas sem machos valem menos que zero. E, por isso, ambos topam quase qualquer absurdo para conquistar um belo membro do sexo oposto, o que nos leva à seleção sexual: a evolução de características marcantes, espalhafatosas ou francamente ridículas que gritam "Ei, olha pra mim, olha só como eu sou um parceiro desejável!".

Mas o que controla quem escolhe e quem é escolhido nesse campeonato de exibidos? Se a gente pensar um instantinho em termos econômicos, perceberá que a variável mais importante nesse dilema é quanto cada um dos sexos investe na prole. A coisa começa com o tamanho e o número das células sexuais. Em geral, óvulos são grandalhões (dá pra ver a olho nu os produzidos por humanas, por exemplo, assim como os de aves) e raros (um ou dois liberados a cada ciclo menstrual no caso da nossa espécie); espermatozoides, por outro lado, tendem a ser pequenos e ridiculamente numerosos (centenas de milhões jorrados a cada ejaculação, na tradicional falta de sutileza do sexo masculino). Em muitas espécies, além disso, os óvulos carregam um suprimento de moléculas essenciais para o desenvolvimento do embrião, incluindo um gordo bônus de energia que ajuda o filhote a crescer.

Considere o que isso significa no caso de muitas espécies (embora, claro, haja diversas exceções nessa história). Dos dois gametas, ou células sexuais, qual o mais "caro" — de novo, nosso raciocínio econômico —, considerando que coisas raras e que contêm muitos recursos normalmente custam mais? Os óvulos, lógico. Fêmeas tendem a "investir" em seus óvulos muito mais no que se refere às suas chances de ter filhotes no futuro do que a maioria dos machos em cada ejaculação. De quebra, é muito comum que quando há *cuidado parental* (basicamente todas as tarefas ligadas à criação dos bebês) isso fique nas costas do sexo feminino, a começar pelos custos nada baixos da gravidez entre os mamíferos. Perto dessa responsabilidade gigante das garotas, muitos machos por aí não passam, no fundo, de doadores de esperma.

Tudo isso faz com que as fêmeas tendam a ser mais seletivas na hora de decidir com quem acasalar (de novo, há muitas exceções, mas, como regra geral, é o que faz sentido). Em suma, elas podem escolher, enquanto os machos são os escolhidos e precisam tanto conquistar os favores das moças quanto competir com outros machos pela honraria da reprodução. E, às vezes, as próprias fêmeas entendem de cara que o vencedor de uma disputa com outros machos merece só por isso o direito de se reproduzir.

Isso porque essa escolha não é feita no chute, mas com base em critérios de *qualidade reprodutiva*: esse macho aí está vendendo saúde? É capaz de, por exemplo, ajudar a alimentar os filhotes caso também auxilie no cuidado parental? Consegue se virar bem no confronto com outros machos? Essas e outras características têm componentes genéticos, como você deve ter adivinhado, e a fêmea também as escolhe de olho em como serão seus futuros filhotes: um pai *sexy* e forte tenderá a gerar bebês igualmente gatos e musculosos. E se o macho demonstrar de forma confiável tais qualidades, a escolha fica mais fácil.

A seleção sexual, portanto, está por trás de características como os chifres elaborados dos cabritos-monteses, o esplendor barroco e nada funcional da cauda dos pavões, a potência vocal dos sapinhos numa noite de chuva no lago da fazenda. Algumas dessas coisas têm seu lado prático: bodes com chifres majestosos conseguem dar cabeçadas mais eficientes em rivais, é lógico. Outras, porém, são sinais meio limitantes que podem até atrapalhar os machos no curto prazo. No *habitat* original dos pavões, eles costumavam ser janta de tigre, e não era por acaso: aquele rabo atrapalha demais no meio da floresta. O simples fato de um pavão conseguir chegar à idade reprodutiva *apesar* do rabão já é um indicativo de qualidade genética — além do mais, exibir todas aquelas penas imensas em perfeito estado mostra, antes de mais nada, que o bicho tem um organismo saudável o suficiente para fazê-las crescer. O mesmo vale para o nosso sapo seresteiro: apenas um anfíbio vigoroso, com genes de primeira qualidade, seria capaz de cantar com tanta potência e virtuosismo. E como cantar ajuda os predadores a identificar sua localização, a simples sobrevivência desse macho cantor já indica que vale a pena ter filhos com ele. Nas espécies em que o investimento reprodutivo dos machos é maior que o das fêmeas, acontece a mesma coisa, só que com o sinal trocado: fêmeas vistosas, machos "escolhedores" e tímidos.

SELEÇÃO DE PARENTESCO

A gente garante que esta é a última modalidade de seleção de que você vai ouvir falar por enquanto. Vamos resumi-la com um ditado popular árabe que diz o seguinte: "Eu contra meu irmão; eu e meu irmão contra meu primo; eu, meu irmão e meu primo contra o mundo". Dá para classificar a ideia como nepotismo, se você quiser enxergar o lado torpe da coisa, ou como devoção à família, se você prefere ver o lado bonito, mas o fato é que quaisquer seres vivos capazes de diferenciar parentes de não parentes tendem a favorecer, olha só que surpresa, a parentada em detrimento dos demais.

O.k., isso é óbvio no caso de mães e pais — se eles saírem por aí detonando os filhotes sem mais nem menos, o sucesso repro-

dutivo deles vai para o espaço, coisa que a seleção natural jamais favorecerá. Mas por que você deveria ter uma relação preferencial com seus irmãos, ou mesmo com os primos do dito árabe?

Em resumo, porque parentes são, de modo quase literal, pedaços de você — que vão ficando progressivamente menores conforme o parentesco vai ficando mais distante. Para entender isso, considere que 50% do seu DNA veio do seu pai, enquanto a outra metade foi legada por sua mãe naquele momento mágico em que o óvulo dela e o espermatozoide dele se fundiram. Cada uma dessas metades corresponde a 23 cromossomos, as estruturas enoveladas nas quais o material genético fica empacotado (no total, portanto, você tem 23 pares, o que dá 46 cromossomos). Na prática, cada trecho de DNA seu vem em duas cópias ou versões, uma de origem materna e outra de origem paterna. A exceção são os cromossomos sexuais no caso dos homens, que correspondem ao par XY, do qual o Y só pode vir do pai (as moças, como talvez você saiba, são XX). Também há exceções quanto a isso, mas serão discutidas em outro capítulo.

Voltando um pouquinho no tempo, para o momento em que os gametas dos seus pais estavam sendo fabricados, é importante lembrar que os cromossomos nos óvulos e espermatozoides foram montados num processo que envolve o embaralhamento do DNA original do papai e da mamãe (que, como o seu, também corresponde a duas cópias de cada cromossomo vindas de seus avós). Isso significa que os genes que cada célula sexual lega aos futuros filhos muitas vezes *não são idênticos*: o embaralhamento dos cromossomos mistura os genes originais do seu pai ou da sua mãe em diferentes combinações. Quando a gente faz as contas, conclui que irmãos gerados pelo mesmo pai e pela mesma mãe acabam compartilhando, em média, 50% de seus genes entre si (a exceção, claro, são os gêmeos idênticos, que vieram de um único óvulo fecundado e, portanto, compartilham perto de 100% de seus genes — não literalmente 100% porque algumas mutações sempre ocorrem no meio do caminho).

Conforme o parentesco vai ficando mais distante, basta continuar dividindo pela metade: avós e netos, ou tios e sobrinhos,

MEIOSE ACONTECENDO NO TESTÍCULO DO SEU PAI

Cópia do DNA que seu pai herdou do seu avô paterno

Cópia do DNA que seu pai herdou da sua avó paterna

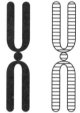

DUPLICAÇÃO DO DNA

CROSSING-OVER

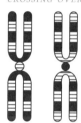

CÓPIAS SE SEPARAM

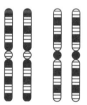

CADA FITA VAI PARA UM ESPERMATOZOIDE

MEIOSE ACONTECENDO NO OVÁRIO DA SUA MÃE

Cópia do DNA que sua mãe herdou do seu avô materno

Cópia do DNA que sua mãe herdou da sua avó materna

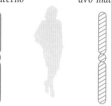

DUPLICAÇÃO DO DNA

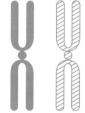

CROSSING-OVER

CÓPIAS SE SEPARAM

CADA FITA VAI PARA UM ÓVULO

Seu DNA é basicamente o dos seus avós embaralhados. Há 16 combinações possíveis, e a cada meiose ocorre um novo *crossing-over* em lugares diferentes, gerando mais variabilidade. Portanto, seu irmão ou irmã vai ser 50% geneticamente idêntico a você, mas a chance de vocês serem 100% idênticos probabilisticamente tende a zero (a menos que sejam gêmeos fruto do mesmo zigoto)

FECUNDAÇÃO

SEU DNA

compartilham 25% de seus genes, em média; primos de primeiro grau, 12,5%. Apostamos que o ditado árabe ficou bem mais claro, assim como a nossa afirmação sobre "pedaços de você" em seus parentes. Do ponto de vista da seleção natural — se é que se pode falar do ponto de vista de uma coisa que não tem olhos nem cérebro, nem vontade própria, lógico —, ajudar um parente próximo a sobreviver e a se reproduzir pode funcionar tão bem quanto deixar descendentes por conta própria. Diz a lenda que, quando perguntaram ao biólogo britânico J.B.S. Haldane (1892-1964) se ele seria capaz de dar sua vida por um irmão, a resposta foi algo do tipo: "Por *um* irmão só não, mas por dois irmãos ou oito primos eu toparia" — justamente por causa das contas acima: do ponto de vista da seleção natural, salvar dois irmãos ou oito primos equivale a salvar o próprio indivíduo.

O raciocínio que acabamos de apresentar explica uma infinidade de coisas, em especial no caso de animais sociais, que muitas vezes deixam de se reproduzir individualmente para ajudar a cuidar dos filhotes dos membros dominantes do bando — é comum que tais *helpers* ("ajudantes" ou babás) sejam irmãos mais velhos dos bebês, tios etc. Essa possibilidade evolutiva fica muito clara no caso de alguns dos animais mais bem-sucedidos da história da Terra: as abelhas e as formigas. A estrutura genética desses bichos, conhecida como *haplodiploide*, tende a aumentar ainda mais do que o normal o parentesco entre as fêmeas operárias que são irmãs. Enquanto uma abelha-rainha — normalmente a única fêmea fértil e com "direito" de acasalar em toda a colmeia — tem seus tradicionais pares de cromossomos, como nós (o que faz da bichinha um organismo *diploide*, como dizem os biólogos colegas do Pirula), os zangões, machos da espécie que acasalam com a rainha durante os chamados voos nupciais, nascem de óvulos não fecundados. São, portanto, *haploides*: só têm um conjunto de cromossomos, não dois.

E daí? Daí que isso significa que, quando eles produzem espermatozoides, o "pacote genético" que cada zangão individual lega às filhas, as abelhas-operárias, é sempre o mesmo — não há o tra-

32 · *Capítulo 1*

COMO ROLA EM HUMANOS

Há dois cromossomos sexuais, sendo o macho heterogamético (dois cromossomos diferentes) e a fêmea homogamética (dois cromossomos iguais)

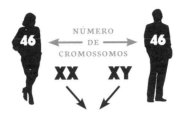

Fêmea possui duas cópias do material genético (ou seja, é diploide), com 44 cromossomos autossômicos (não ligados à reprodução) e dois cromossomos sexuais iguais: duas cópias do cromossomo X

NÚMERO DE CROMOSSOMOS

XX XY

Macho possui duas cópias do material genético (ou seja, é diploide), com 44 cromossomos autossômicos (não ligados à reprodução) e dois cromossomos sexuais: um X e um Y

MEIOSE

ÓVULO   ESPERMATOZOIDE

Apenas uma cópia do material genético: o cromossomo sexual de todos é X

Apenas uma cópia do material genético: metade dos espermatozoides terá o cromossomo sexual X, e a outra metade o cromossomo sexual Y

FECUNDAÇÃO

COMO ROLA EM ABELHAS

Não há cromossomos sexuais

RAINHA   ZANGÃO

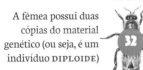

A fêmea possui duas cópias do material genético (ou seja, é um indivíduo DIPLOIDE)

NÚMERO DE CROMOSSOMOS

O macho possui apenas uma cópia do material genético (ou seja, é um indivíduo HAPLOIDE)

MEIOSE   **SEM MEIOSE**

ÓVULOS   ESPERMATOZOIDE

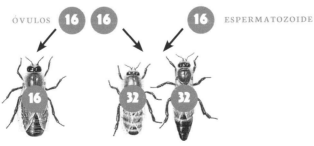

ZANGÃO   OPERÁRIA   RAINHA

dicional embaralhamento de cromossomos. Desse modo, abelhas-operárias filhas da mesma rainha e do mesmo zangão possuem 75% de genes em comum, e não os tradicionais 50%. Na prática, a composição genética de cada colmeia é mais variada do que isso, porque as rainhas costumam acasalar com vários zangões durante seus voos iniciais, armazenando o esperma dos consortes e usando esse suprimento devagarinho, ao longo de anos e anos. Mesmo assim, o grau de parentesco entre as operárias de uma colmeia é elevadíssimo. Para que se reproduzir se a rainha é capaz de produzir irmãs em tamanha quantidade e com tanta eficiência?

Tudo lindo. Mas, como qualquer pessoa que já tenha batido a porta do quarto na cara do irmão sabe, conflitos de interesse estão sempre à espreita quando o assunto é parentesco. Há uma eterna tensão (de novo, de natureza "econômica") entre o investimento que os pais estão dispostos a fazer na prole e os recursos que os filhotes, se pudessem, extorquiriam dos papais até a última gota; ou, para voltar ao assunto "irmãos", podemos comparar os recursos que os pais ou avós acham justo dedicar a cada membro da prole e o que *cada um* dos filhos ou netos desejaria para si (e para mais ninguém): "Mãe, também quero chocolate!"; "Paiê, o carrinho que você deu pro Pedrinho é mais legal que o meu" — e por aí vai; você sabe exatamente do que estamos falando, não se faça de desentendido.

É por isso que as tensões relacionadas à seleção de parentesco explicam, em parte, tanto coisas que nós achamos moralmente positivas — a união entre os membros de uma família ou de um grupo, o prazer que temos na companhia de irmãos — quanto coisas que, do ponto de vista humano, são horrorosas. O infanticídio, por exemplo, é uma prática comum em diversas espécies nas quais um macho monopoliza os favores sexuais das fêmeas do bando, como acontece entre os leões. Se outro macho destrona o antigo monarca, é comum que ele elimine os filhotes pequenos que tinham nascido antes de seu reinado — afinal, quanto antes as leoas pararem de amamentar e acasalarem com ele, gerando bebês com os genes do vencedor, melhor.

DERIVA GENÉTICA

Como você talvez já tenha decorado, variabilidade entre indivíduos com componente genético que tenha impacto no sucesso reprodutivo significa seleção natural. Beleza. Agora, o que acontece quando retiramos o elo entre variação genética e sucesso reprodutivo da história? Ou seja, quando algumas formas de variação genética ficam mais comuns na população de uma espécie, com o passar do tempo, pelo que poderíamos chamar de pura sorte? Isso é o que denominamos deriva genética, caro leitor. A ideia tem mesmo a ver com a de um barco à deriva, carregado pelos ventos da Evolução sem aquele famoso capitão, a seleção natural.

Processos desse tipo acontecem, em parte, por causa da natureza algo aleatória daquele embaralhamento de cromossomos do qual tratamos há pouco. Embora cada gene, em média, tenha 50% de chance de ir parar num óvulo ou espermatozoide fecundado, às vezes duas ou mais jogadas de dados podem produzir o mesmo número sem parar. É mais fácil isso acontecer em populações relativamente pequenas. De novo: se você tiver paciência de jogar um dado 2 mil vezes e tabular os resultados, cada número vai sair em mais ou menos um sexto das jogadas. Mas sempre há uma chance relativamente grande de você tirar o número 6 direto se jogar o dado apenas dez vezes.

Um jeito particularmente fácil de entender a deriva genética na prática é a partir de um caso especial desse fenômeno conhecido como *efeito fundador*. Como o nome sugere, é algo que ocorre quando uma nova população é fundada por um número relativamente pequeno de indivíduos que, por um desses acasos do destino, chegam a um novo ambiente – num exemplo extremo, uma fêmea grávida lançada pelas ondas do mar numa ilha despovoada, digamos. É bem possível que coisas desse tipo tenham acontecido no litoral do lugar que um dia seria chamado de Brasil uns 40 milhões de anos atrás, quando ainda não existiam macacos por aqui – primatas africanos teriam sido lançados nestas praias por tempestades no Atlântico, talvez passando antes por ilhas hoje submersas.

O crucial, seja como for, é que os tais indivíduos fundadores sempre carregam em seu DNA apenas parte da diversidade genética total da espécie à qual pertencem. Desse jeito, a nova população fundada por eles terá características enviesadas, típicas de somente alguns dos membros da população ancestral — no entanto, essa peneirada na diversidade original terá acontecido não por fatores associados ao sucesso reprodutivo, como no caso da seleção natural, mas por razões casuais, na base da sorte ou da falta dela (a macaquinha grávida X, e não a macaquinha Y, estava encarapitada na palmeira à beira-mar bem na hora em que bateu o vento que arrastou aquele tronco oceano afora, ou algo do gênero).

Outro interessante exemplo tupiniquim: nos anos 1970, pesquisadores liderados por Newton Freire-Maia, da Universidade Federal do Paraná, publicaram dados sobre casos de albinismo na população humana da ilha dos Lençóis, no Maranhão. Na época, 1 em cada 17 habitantes da ilha era albino, frequência muito mais alta que na população em geral (cerca de 1 caso em 20 mil pessoas). A explicação mais provável, segundo o levantamento feito por Freire-Maia e seus colegas? Deriva genética/efeito fundador: as poucas famílias que povoaram a ilha originalmente carregavam o gene ligado ao albinismo já nessa frequência enviesada para cima.

DESENHANDO A ÁRVORE DA VIDA

Entender o que a gente tem a dizer agora é, à sua maneira, tão importante quanto compreender o conceito de seleção natural. Preparado? Aí vai: todas as criaturas vivas que existem, existiram e existirão muito provavelmente são aparentadas e descendem de um único ancestral comum, uma célula primordial com uns 3,7 bilhões de anos ou mais. As pistas são tantas que a gente poderia escrever um livro três ou quatro vezes maior que este apenas listando-as sem parar, mas basta dizer, por ora, que todas as informações que temos — incluindo a estrutura do DNA, a bioquímica das células, a trama intrincada de tecidos e órgãos, uma multidão de fósseis e seu aparecimento paulatino ao longo das fases da história da Terra — corroboram a ideia de que tudo o que vive está pendurado em galhos e ramos de um só tronco, o da Árvore da Vida.

Mas basta de poesia e vamos ser um pouco mais práticos. Se a Árvore da Vida é um fato, como a gente determina a estrutura dos galhos? Como saber qual a relação entre eles e em que ritmo eles foram se ramificando ao longo de bilhões de anos? Fácil. É só se ligar na aula de grego a seguir.

O.k., aula de grego é um pouco de exagero, mas você vai conseguir ampliar bastante o seu vocabulário no idioma de Homero depois que dominar os termos básicos da *cladística*, um método de classificar os seres vivos cujo objetivo é desvendar as relações evolutivas, ou *filogenéticas*, entre eles. Em grego, *kládos* quer dizer ramo ou galho, e é isso o que a abordagem cladística faz: coloca os diferentes grupos de seres vivos nos galhos de um *cladograma* (uma árvore de parentesco).

A analogia com a árvore genealógica de uma família é inevitável, mas é muito importante lembrar que, no caso de espécies ou de grupos amplos de seres vivos, em especial os que estão vivos hoje, não lidamos com indivíduos, mas com populações; e basicamente todos os ramos são primos ou irmãos mais ou menos distantes que descendem de um ancestral comum, e é quase impossível afirmar com segurança quem deu origem a quem, inclusive no caso de espécies extintas. O que dá para fazer é identificar padrões de *divergência* ao longo do tempo, ou seja, quando e como diferentes grupos foram surgindo e se separando dos demais.

Quando falamos em grupos, também é natural pensar em classificações que você talvez tenha aprendido na escola e que, embora muito usadas ainda hoje, surgiram numa época em que ainda não se pensava em organizar os seres vivos de acordo com critérios evolutivos (e, aliás, quando a teoria da Evolução ainda nem existia). Num nível logo acima das espécies — digamos, como a espécie *Panthera onca*, a nossa onça-pintada — temos os chamados *gêneros*, pensados

37 · *As peças de Lego da Evolução*

como um agrupamento de espécies proximamente aparentadas (o gênero *Panthera* congrega, além das onças, os leões, os tigres, os leopardos e os leopardos-das-neves). Subindo mais um nível na classificação tradicional, chegamos à família *Felidae*, os felídeos, com todos os bichos que poderíamos chamar genericamente de gatos, grandes ou pequenos. O importante a considerar aqui é que, embora a cladística não necessariamente jogue no lixo esses grupos tradicionais, ela estabelece que a classificação, para ser lógica, tem de englobar o ancestral comum de um grupo e todos os seus descendentes, sem excluir nenhum – do contrário, ela não faz sentido.

O método para se chegar a esse resultado é essencialmente comparativo e estatístico. Os cientistas basicamente montam imensas listas das características dos seres vivos que desejam analisar e comparam os padrões de semelhança e divergência entre elas. Tradicionalmente, essas características eram apenas morfológicas – inclusive porque, no caso de bichos extintos, como dinossauros (exceto aves) ou dentes-de-sabre, anatomia é basicamente só o que temos, uma vez que o DNA se degrada com muita facilidade. Hoje, cada vez mais é possível fazer comparações moleculares: comparar a sequência de "letras" do DNA (agora viável até para espécies extintas há pouco tempo – em termos geológicos –, como mamutes e neandertais) ou comparar a sequência dos aminoácidos, as unidades básicas que compõem as proteínas (já foram feitas comparações entre proteínas de aves e de dinossauros "clássicos", por exemplo).

Lógico que não é qualquer comparação que dá certo e faz sentido, o que nos leva a mais um pouquinho de aula de grego. Exemplo básico: o fato de nós, os sapos, as tartarugas e as galinhas-d'angola termos quatro membros é muito interessante e até informativo para estabelecer um grande grupo de vertebrados, o dos *tetrápodes* (em grego, "quatro patas"), que inclui todos os animais com vértebras que vivem em terra firme (mais alguns que voltaram para a água, como as baleias, as tartarugas marinhas e os ictiossauros). Além disso, há uma série de outras características que nos levam a considerar os tetrápodes um grupo real. Agora, saber que tanto um crocodilo quanto um pinguim têm quatro membros não ajuda grande coisa para estabelecer a distância exata entre eles na Árvore da Vida, em especial no que diz respeito à relação dos dois com outros grupos. Quem está mais perto um do outro: um pinguim e um crocodilo; uma iguana e um crocodilo; ou um pinguim e uma iguana?

Em cada caso, considerando o nível de proximidade ou distância entre as espécies que o pesquisador está analisando, é preciso encontrar características conhecidas como *sinapomorfias*. Vamos ao vocabulário helênico: *syn* quer dizer "com" ou "junto", *apó* é algo como "a partir de", enquanto o finalzinho "-morfia" tem a mesma origem que palavras como "morfologia", ou seja, refere-se ao conceito de forma. Uma sinapomorfia é, portanto, uma inovação evolutiva surgida *a partir de* determinado grupo que é *com*partilhada por certas espécies (ou grupos mais amplos de seres vivos) e que não está presente em outras. Voltando ao nosso exemplo: hoje todo mundo concorda que pinguins e crocodilos fazem parte do mesmo grupo, o dos *Archosauria* ou arcossauros, com as pobres iguanas do lado de fora. Por quê? Graças a um conjunto bastante extenso de sinapomorfias, entre elas um troço chamado *fenestra anterorbital* — nada mais que um buraquinho no crânio, localizado na frente das órbitas onde se encaixam os olhos (daí o "anterorbital").

E quanto às características que *não são* informativas para estabelecer um grupo de seres vivos, já que estão presentes em espécies que divergiram antes? Tome mais grego: o termo é *plesiomorfia* ou, que alívio, *condição ancestral*. Não tem nada de surpreendente num mamífero com cinco dedos (ou dígitos) nas patinhas, por exemplo: trata-se da condição ancestral do grupo, que, aliás, remonta a alguns dos mais antigos tetrápodes. Já um cavalo, com seu único dedo em cada casco, é novidade.

Finalmente, há o que o pessoal chama de *homoplasia*: características presentes em espécies diferentes que surgiram de forma totalmente independente, em circunstâncias evolutivas distintas, e não derivam de um ancestral comum. Tanto algumas serpentes quanto um estranho mamífero de focinho comprido do Caribe, o solenodonte, possuem dentes com glândulas produtoras de veneno, mas isso não significa, óbvio, que devemos classificá-los juntos. O processo que conduziu a essas inovações paralelas costuma ser chamado de *evolução convergente*. Homoplasias são extremamente constantes e são o maior pesadelo dos cientistas evolutivos. Apenas para você ter uma noção, mesmo os quatro membros compartilhados por sapos, iguanas, pardais e humanos poderiam não ser indício de uma sinapomorfia (isto é, de uma característica que indique uma ancestralidade e que seja exclusiva desse grupo). Poderia ser apenas uma evolução convergente entre os quatro bichos. Para confirmar que não se trata de uma homoplasia, é preciso analisar uma série de outras evidências, como anatomia comparada, genética, embriologia, registro fóssil etc.

Agora ficou bem óbvio que fazer uma *análise filogenética* direito dá um trabalho dos diabos — desde visitas intermináveis a museus para medir cada ossinho de zilhões de fósseis até programar computadores para fazer as análises estatísticas (porque no braço, meu amigo, é quase impossível com a quantidade de informação que temos hoje, em especial quando estamos falando de dados genômicos com seus bilhões de "letras" de DNA). O objetivo final é produzir cladogramas que sejam estritamente *monofiléticos*, quer dizer, "árvores" que incluam *todos* os descendentes de determinada linhagem a partir de seu ancestral comum mais recente, sem exceção.

Quando esse princípio não é seguido, como acontecia na classificação tradicional, chegamos a grupos ditos *parafiléticos*. Caso simples de entender: o dos dinossauros "à moda antiga", sem incluir as aves — a rigor, aves não passam de dinossauros bípedes emplumados, e excluí-las do grupo *Dinosauria* viola a regra de contar todos os descendentes de um ancestral comum. A coisa fica ainda mais tosca no caso dos grupos *polifiléticos*, que colocam no mesmo balaio espécies com história evolutiva muito distante, como as algas — na verdade, uma mistura de tudo quanto é tipo de ser vagamente "vegetal" e aquático, de microrganismos a criaturas multicelulares que lembram as plantas terrestres. Para deixar claro o que isso significa, imagine a boa e velha árvore genealógica da sua família. Digamos que você seja uma pessoa muito inconveniente e sua família resolva riscá-lo da sua árvore genealógica, como se você não fizesse parte dela. Tanto do ponto de vista evolutivo quanto do jurídico, isso não faz nenhum sentido. Então, apenas grupos monofiléticos (que incluam todos os descendentes de determinado ancestral e nenhum outro indivíduo) são considerados "grupos naturais", ou "grupos verdadeiros" dentro da cladística.

Com isso, concluímos nosso passeio por alguns conceitos centrais da teoria da Evolução. Volte para este capítulo toda vez que tiver dúvidas — e não esqueça que ainda tem muita coisa legal que a gente não teve tempo de explorar. Vamos em frente.

REFERÊNCIAS

Sobre conceitos gerais da teoria da Evolução
PRINCIPLES of evolution, ecology and behavior. Curso on-line gratuito da Universidade Yale. Disponível em: https://oyc.yale.edu/ecology-and-evolutionary-biology/eeb-122. Acesso em: 19 dez. 2018.

RIDLEY, Mark. *Evolução*. Porto Alegre: Artmed, 2006.

SENE, Fábio de Melo. *Cada caso, um caso... puro acaso*: os processos de evolução biológica dos seres vivos. Ribeirão Preto: Sociedade Brasileira de Genética, 2009.

Sobre a evolução da tolerância à lactose em humanos adultos
GERBAULT, Pascale et al. Evolution of lactase persistence: an example of human niche construction. *Philosophical Transactions of the Royal Society B: Biological Sciences*, v. 366, p. 863-877, 2011.

Sobre seleção de parentesco (com uma polêmica crítica à ideia)
WILSON, Edward O. *A conquista social da Terra*. São Paulo: Companhia das Letras, 2013.

Sobre sequenciar proteínas de dinossauros e aves
SCHROETER, Elena R. et al. Expansion for the *Brachylophosaurus canadensis* collagen I sequence and additional evidence of the preservation of Cretaceous protein. *Journal of Proteome Research*, v. 16, n. 2, p. 920-932, 2017.

Capítulo 2
ELOS PERDIDOS?

Todo mundo já ouviu falar do tal "elo perdido", ainda que poucos saibam dizer do que efetivamente se trata. Alguns, mais velhos, talvez se lembrem da série (bem *trash*, por sinal) dos anos 1970, mas que passava dublada no SBT nos anos 1980. Outros talvez imaginem um homem das cavernas ou algum tipo de homem-macaco. Mas a ideia de "elo perdido" é muito simples: tem o sentido de uma corrente, mesmo, que é formada por vários elos; caso alguns estejam faltando, a corrente não serve para nada. No caso, a busca pelo "elo perdido" seria uma confirmação da teoria da Evolução, ou pelo menos o preenchimento de alguma lacuna desconhecida. E, se o elo está perdido, quer dizer que ainda falta encontrá-lo, certo? Bem, responder a essa questão vai demorar alguns "pirulas" (e quem frequenta o canal do Pirula no YouTube sabe a enorme amplitude dessa medida de tempo). Comecemos explicando mais alguns conceitos da teoria da Evolução.

A palavra "evolução" foi a que colou na boca do povo na Inglaterra vitoriana logo depois que Darwin publicou *A origem das espécies através da seleção natural* — sim, esse é o título completo do livro, e, sim, a grande sacada não foi a primeira parte do título, mas precisamente a segunda, geralmente omitida. Ainda que, academicamente falando, o conceito de uma espécie se transformando em outra já fosse postulado havia muito tempo (Lamarck, o naturalista francês anterior a Darwin, que o diga), esse processo era chamado de "transformismo", e a palavra "evolução" não costumava ser usada com esse sentido. O próprio Darwin não tinha escrito a palavra "evolução" em nenhum momento em sua obra mais famosa até a sexta edição (a última que ele mesmo revisou em vida), quando achou por bem dar à galera o que ela estava pedindo e colocou o termo "evolução" no final. Meio que não adiantava mais lutar contra o nome que tinha "pegado" para todo mundo (por ironia, selecionado naturalmente).

Pois bem, tudo isso para dizer que a expressão que Darwin usou formalmente em seu livro foi "descendência com modificação". Termos muito mais bonitos que "transformismo" e muito mais exatos que "evolução". Evolução pressupõe, em linguagem popular, um progresso, um avanço, e o que *nós* vemos como avanço pode não necessariamente ser um avanço perceptível em determinada espécie e em determinado ambiente. Um verme parasita intestinal pode perder órgãos dos sentidos, pedaços inteiros do tubo digestivo (às vezes até o tubo digestivo inteiro, como é o caso das tênias), bem como uma série de outros órgãos, porque simplesmente não precisa deles e eles ainda por cima atrapalham a manutenção do seu estilo de vida dentro de outros bichos. Assim, vermes que nasciam sem olhos, ouvidos ou qualquer outro órgão desse tipo tinham vantagem evolutiva em relação aos outros que eram obrigados a gastar energia sustentando um monte de partes inúteis. Ou seja, da perspectiva do verme, ele evoluiu (adaptou-se melhor ao ambiente); porém, da perspectiva do termo "evolução" no sentido coloquial, esse bicho deixou de ser algo que parecia mais reconhecível como animal para se transformar num troço sem cara nenhuma, comprido e nojento. Por isso a expressão "descendência com modificação" é tão mais adequada, por isso Darwin relutou tanto em usar o termo "evolução" e por isso hoje todo biólogo precisa ficar explicando que "evolução biológica é diferente de progresso".

A sacada de Darwin (além da seleção natural, óbvio) foi outro pequeno detalhe. Naquela época, muita gente já tinha proposto que uma espécie poderia se transformar em outra desde que transcorresse o tempo necessário. Algumas pessoas até tinham sugerido que alguns grupos de seres vivos poderiam ser diretamente aparentados a outros. Mas ninguém até então tinha arriscado supor que *todas* as formas de vida fossem aparentadas. Não apenas você e seu vizinho em algum momento serão aparentados, e também não apenas o chimpanzé do zoológico (de quem todo mundo fala exaustivamente em programas de tevê e documentários) é seu parente, mas todas as formas de vida. O Pirula é parente do Reinaldo em algum nível, bem como você, leitor, é nosso parente com toda a certeza (provavelmente em mais de um nível, por parte de pai e de mãe). Não só nosso, mas também do chimpanzé do zoológico, aliás, e de todos os animais do zoológico, do seu cachorro, do seu gato, das violetas no vaso da sua janela, da alface que você tem na geladeira e de todas as bactérias que estão neste momento andando sobre você ou vivendo no seu intestino e dando a você a capacidade de formar um bolo fecal saudável. Todos parentes. Em algum nível. Se isso já é bem assustador de se pensar hoje, imagine na era vitoriana.

Darwin postulou que, se a hipótese dele estivesse correta, quanto mais "para trás" você fosse na árvore genealógica dos seres vivos, geração por geração, milênio por milênio, mais parecidos uns com os outros eles iriam ficando, e mais evidente ficaria o parentesco dessas linhagens, até que elas se juntariam em um ancestral comum que seria o ponto a partir do qual a linhagem ancestral teria se dividido. Uma maneira de testar sua hipótese, segundo o próprio Darwin, seria encontrar um fóssil com características intermediárias entre uma linhagem e outra. O famoso "fóssil de transição" ou "elo perdido". E isso é muito complicado de arrumar, porque não depende de um experimento nem de uma investigação. Depende de escavação após escavação, de procurar exaustivamente em todo tipo de rocha sedimentar do mundo (o que corresponde a uns 30% da superfície do planeta), e ainda por cima é necessário contar com a sorte de esse tipo de organismo ter tido a amabilidade de se fossilizar (algo que muito dificilmente acontece, mas que está explicado no capítulo 3).

PENAS, GARRAS E DENTES

Para a sorte de Darwin (e da sua ideia), apenas dois anos após a publicação de *A origem das espécies*, foi revelado ao público um fóssil extraordinário saído das minas de calcário de Solnhofen, na Alemanha: um animal fóssil meio réptil, meio ave. Chamado de *Archaeopteryx*, ele caiu como uma luva para fortalecer a proposta de ancestralidade comum de Darwin, indicando que as aves teriam evoluído dos répteis. É óbvio que apenas um fóssil não prova a ancestralidade de todos os seres vivos, mas já dava muitos pontos à ideia de Darwin, porque, se animais hoje tão diferentes quanto um lagarto e um beija-flor poderiam estar genealogicamente conectados, por que não todo o resto? Além disso, foi um excelente teste de uma proposta científica: Darwin propôs um modo de testar sua hipótese e, apenas dois anos depois, ela passava no primeiro teste. Um feito magnífico para uma hipótese não experimental.

Desse modo, o *Archaeopteryx* foi considerado um elo na corrente de gerações que une todos os seres vivos. Um elo encontrado. Isso significava, portanto, que todos os demais elos ainda precisariam ser achados. Tínhamos, então, centenas ou talvez milhares de "elos perdidos" para desvendar a história da Árvore da Vida. Mas esses 150 anos que se passaram fizeram muito bem para as ideias darwinianas, porque elas foram cada vez mais confirmadas diante das novas evidências que apareciam. A genética foi uma das mais extraordinárias mãozinhas dadas a Darwin, porque a comparação entre as informações genômicas das espécies mostrou que efetivamente todas as formas de vida possuíam alguns padrões idênticos em seu DNA. Da mesma maneira que proporcionou o teste de paternidade, a genética também possibilitou o teste de ancestralidade de todos os seres vivos.

Mas, claro, a coisa não seria tão fácil assim. Apenas a genética, por mais extraordinária que fosse, e por mais que confirmasse a ideia da ancestralidade comum da vida, não podia explicar a evolução dos caracteres nem elucidava dúvidas quanto às linhagens fósseis (isso para citar apenas alguns exemplos). Então, voltemos à boa e velha (sem trocadilhos) paleontologia.

Fósseis de transição são as lacunas de evidências mais trombeteadas pelos criacionistas. Para eles, a ausência dos "elos perdidos" tornaria a Evolução uma ideia totalmente falsa. Falsa, na verdade, é essa afirmação dos criacionistas, e é falsa de muitas maneiras — não só porque os fósseis de transição não são fundamentais para provar a veracidade da Evolução, mas também porque existem centenas desses fósseis. Explicando o primeiro erro da afirmação: a genética, a embriologia, a anatomia comparada, a dinâmica populacional e mesmo experimentos com bactérias já seriam suficientes para demonstrar a Evolução. Os fósseis constituiriam apenas um bônus nesse mar de evidências paralelas. Já o segundo erro deriva de um misto de ignorância tanto sobre a diversidade fóssil conhecida como sobre a teoria cladística. O jeito mais fácil de entender o porquê dessa confusão é decorando uma frase muito simples: fóssil não vem com RG.

Como assim? A gente explica. Seria mais ou menos como ver uma foto de família muito, muito antiga, mas que não tivesse as anotações sobre quem é quem. Como é que você, que nasceu talvez sessenta anos depois que a foto foi tirada, vai saber quem são aqueles parentes que, se estiverem vivos, estão pelo menos sessenta anos mais velhos? Possivelmente sua avó ou seu avô (seus ancestrais diretos) estão na foto, mas devem estar indistinguíveis dos irmãos e irmãs (seus tios-avós, os quais, portanto, não são seus ancestrais diretos). Isso não muda o fato de você saber que aquelas pessoas na foto são da sua família e, eventualmente, que há um ancestral seu ali. Porém, você não tem como saber, sem ajuda externa, quem é quem. Com fósseis acontece o mesmo. Toda espécie viva ("espécie filha") teve uma população de uma espécie ancestral ("espécie mãe"), que é também ancestral de pelo menos outra espécie ("espécie irmã"). Mesmo que você ache milhares de fósseis com características intermediárias, não dá para bater o martelo sobre qual é o ancestral direto desta ou daquela linhagem. Mas isso é irrelevante para testar a veracidade da Evolução, porque encontrar várias espécies com uma antiguidade coerente e muito parecidas entre si é exatamente o que prevê a teoria darwiniana. Ou seja, o simples fato de ter uma foto de família provando a contemporaneidade de seus avós e dos irmãos deles, mesmo que você não saiba identificar as pessoas da foto, já é suficiente para confirmar a Evolução. Afinal, se somos todos parentes, quanto mais para o passado se vai, mais parecidas as linhagens vão ficando entre si. O ser humano, por exemplo, tem chimpanzés e bonobos como os primos vivos mais próximos. O nosso ancestral em comum viveu em algum lugar da África entre 6,5 milhões e 7 milhões de anos atrás, na época chamada de Mioceno. Por mais que achemos uma série de fósseis do mesmo período (e já achamos) com características que denotem parentesco com humanos e "chimpas", nunca poderemos apontar com exatidão que este ou aquele indivíduo pertencia à espécie ancestral dos humanos *e* dos chimpanzés (a "espécie mãe" de ambas as linhagens). Logo, ter dificuldade de reconhecer quem é exatamente o ancestral comum entre a nossa linhagem e a do chimpanzé, entre um monte de fósseis muito parecidos de uma época em que as linhagens mal tinham se separado, é *exatamente* uma evidência de que o bom Darwin tinha razão.

Como já explicamos no capítulo 1, a ferramenta mais utilizada para reconstruir a Árvore da Vida atualmente é a teoria cladística, segundo a qual um fóssil, quando encontrado, *a priori* não é considerado ancestral de nenhuma linhagem, e sim uma linhagem à parte que está inserida entre outras linhagens, todas ligadas por ancestrais em comum. Pode ser que esse fóssil seja exatamente da espécie ancestral? Pode. Mas a teoria cladística presume que isso (um fóssil encontrado ser exatamente da espécie ancestral de alguma linhagem) é tão raro e difícil de acontecer que dá para desconsiderar essa possibilidade a princípio. Mas essa é apenas uma metodologia de trabalho. É claro que, se depois de muito estudo for possível concluir que não há praticamente nenhuma característica relevante no fóssil que possa distingui-lo do ancestral real, aí dá para postular que se trata de uma "espécie mãe". Um exemplo de uma das raras vezes em que se chegou a tal conclusão é exatamente o da linhagem humana. O *Homo sapiens* (nós) e o *Homo neanderthalensis* (homem de Neandertal, para os íntimos) são primos bem próximos. Na verdade, o homem de Neandertal é provavelmente o nosso primo mais próximo na história, hoje lamentavelmente extinto (delegando aos chimpanzés o posto de nossos primos mais próximos *vivos*). Atualmente, sabemos que uma espécie que viveu entre 700 mil e 200 mil anos atrás na Europa, na África e na Ásia, chamada de *Homo heidelbergensis*, é provavelmente a espécie ancestral *de facto* tanto de nós, humanos modernos, quanto dos neandertais. Esse nível de precisão talvez seja possível nesse caso por ser uma linhagem muito, muito recente, e também por gerar um interesse mais profundo dos cientistas, estimulando mais escavações e mais buscas por fósseis. Mas é muito raro, em estudos evolutivos, termos um fóssil para o qual se pode olhar e dizer: "Este indivíduo pertenceu à 'espécie mãe X' da ramificação Y".

Mais *mind-blowing* ainda é que nem é obrigatório que a "espécie mãe" de alguma linhagem esteja extinta. Afinal, estamos falando de populações. Peguemos por exemplo o *Puma concolor*, um tipo grande de felino que ocorre em todas as Américas. Ele tem um alcance geográfico tão amplo que recebe vários nomes em países diferentes, dependendo do idioma. Por exemplo, ele é chamado de leão-da-montanha ou *cougar* nos Estados Unidos, de puma nos países americanos de língua espanhola e de suçuarana ou onça-parda aqui no Brasil. Imaginemos que o ambiente onde essa espécie vive mude drasticamente aqui na América do Sul e na América do Norte, ficando inalterado na América Central. Em alguns milhares de anos, pode ser que as populações de pumas nas Américas do Norte e do Sul tenham se tornado duas espécies bem diferentes, mas, como o ambiente na América Central, no nosso exemplo hipotético, não mudou nada, não houve pressão seletiva para "transformar" a população de pumas dessa região, deixando-a

COMO FUNCIONA A CLADÍSTICA

Exemplo usando árvore genealógica familiar

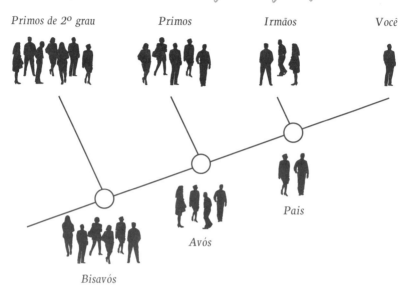

Exemplo usando espécies

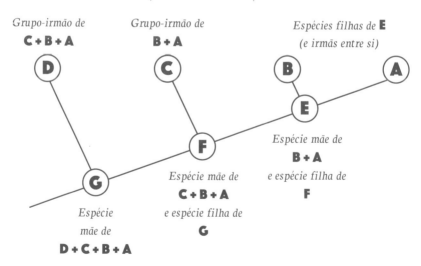

ESPÉCIE FILHA
Mudanças que ocorrem aqui não ocorrem na outra população

BARREIRA SEPARANDO POPULAÇÕES

ESPÉCIE MÃE (ANCESTRAL)

ESPÉCIE FILHA

igual à espécie ancestral. Esses pumas sobreviventes na América Central seriam *ancestrais diretos* das duas espécies novas que surgiram nas Américas do Norte e do Sul? De jeito nenhum; as três seriam "espécies irmãs" (afinal, o tempo passou igualmente para as três). Porém, essa espécie da América Central seria indistinguível da "espécie mãe" que originou as demais espécies. Poderíamos dizer que *ainda é* a mesma "espécie mãe". Cladistas costumam odiar pensar nisso; dizem que bagunça todos os seus cálculos estatísticos, por ser muito improvável, e preferem pensar que o cientista é que não procurou direito e que, sim, obrigatoriamente ocorreu alguma mudança, por menor que tenha sido, que tornou uma das espécies atuais diferente da espécie ancestral. No entanto, isso não é impossível, tanto que em um parágrafo descrevemos como poderia acontecer. Mas peguemos então um exemplo real, não hipotético: os grupos irmãos minhocas e sanguessugas. Hoje, com trabalhos moleculares (ou seja, que comparam genes em vez de características externas) já está claro que as sanguessugas são, na verdade, um tipo muito especializado de minhoca. E é bastante possível que a "espécie mãe" dessas duas linhagens tenha sido essencialmente uma minhoca. Ou seja, apenas uma das linhagens (a das sanguessugas) teria sofrido um monte de mudanças anatômicas ao longo dos milhões de anos, enquanto a outra se deu mui-

to bem com o ambiente em que vivia a espécie ancestral, ficou por lá e não mudou muito.

UMA MÃOZINHA DAS BALEIAS

Voltando aos fósseis, é mais ou menos por isso que, em cladística, dificilmente chamamos os fósseis de transição conhecidos (ou "elos achados" — afinal, se os achamos não estão mais perdidos) de *fósseis intermediários*, como os criacionistas adoram, e em vez disso os chamamos de *fósseis com características intermediárias*. Ou seja, ainda que não possamos chamar um fóssil de *ancestral*, ele pode possuir as características intermediárias entre um grupo e outro, exatamente como a Evolução prevê. E, como já dito, temos centenas deles. Entre os exemplos mais ilustrativos de linhagens recheadas de fósseis que fazem quase uma "sequência completa" de características intermediárias estão as baleias e os cavalos. Aí você pode se perguntar: por que raios esses dois grupos nos deram tantos fósseis? E a gente responde: não apenas são duas linhagens de animais grandes (no caso das baleias, *os maiores*) como também essa evolução se deu nos últimos 50 milhões de anos, o que é considerado muito recente na escala geológica. Ambas as peculiaridades (tamanho e pouca antiguidade) facilitam que os animais se fossilizem e que esses fósseis cheguem bem preservados até os dias de hoje. Também podemos salientar que os fósseis de baleia encontrados estavam em grandes desertos atuais (que foram antigos oceanos) no Paquistão e no Chile, o que também facilita a preservação. E, no caso dos cavalos, sua evolução se deu na América do Norte, cujo país central (os Estados Unidos) possui uma tradição paleontológica muito antiga e valorizada, o que fez com que mais gente procurasse fósseis por lá.

Entre as características intermediárias que podemos ver claramente no registro fóssil da linhagem das baleias está a transformação gradual dos membros anteriores em nadadeiras e a redução, também gradual, dos membros posteriores, que hoje são apenas vestigiais. Além disso, há ainda a migração das narinas da ponta do focinho para a parte de cima da cabeça, na região posterior aos olhos. É por

CRÂNIO DE GOLFINHO COMO ELE É

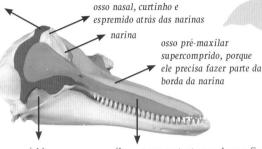

osso frontal totalmente amarfanhado para trás dos maxilares, porque precisa formar a borda da órbita

osso nasal, curtinho e espremido atrás das narinas

narina

osso pré-maxilar supercomprido, porque ele precisa fazer parte da borda da narina

órbita

osso maxilar que repuxa tanto que chega a ficar em cima das órbitas, só para formar a maldita borda da narina

O DNA dos vertebrados manda cumprir regras muito simples de montagem de focinho:
1. narina na ponta do focinho
2. narina é formada pelo osso pré-maxilar na ponta, pelo osso maxilar dos lados e pelo osso nasal na parte de trás

3. osso maxilar é onde se encaixa a maioria dos dentes
4. osso frontal começa atrás dos ossos nasais e forma a borda de cima das órbitas.

Dentro dessas regras de montagem, o DNA dos golfinhos altera uma instrução (a primeira) e substitui por:

1. narina no meio da testa.

Porém, todas as outras etapas de montagem (2, 3 e 4) precisam ser cumpridas, porque o DNA e o processo embriológico não sabem fazer de outro jeito. O resultado é essa maçaroca aí acima.

CRÂNIO DE UM GOLFINHO COMO DEVERIA SER
se a Evolução não fosse um processo de bricolagem embriológico

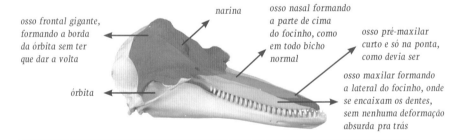

osso frontal gigante, formando a borda da órbita sem ter que dar a volta

narina

osso nasal formando a parte de cima do focinho, como em todo bicho normal

osso pré-maxilar curto e só na ponta, como devia ser

órbita

osso maxilar formando a lateral do focinho, onde se encaixam os dentes, sem nenhuma deformação absurda pra trás

Voltando ao exemplo, se a Evolução não fosse bricolagem, caso a narina fosse para o topo da cabeça, os passos a serem realizados seriam os seguintes:
1. narina no topo da cabeça: abra no meio da testa de uma vez, fazendo um furo no osso frontal
2. que se exploda quais os ossos formam a narina.

Muda tudo e tá de boas
3. osso maxilar é onde se encaixa a maioria dos dentes. Tá vendo? Continua fazendo isso. Tá ali, bonitinho
4. osso frontal começa atrás dos ossos nasais e forma a borda de cima das órbitas. Olha só! Tá lá do mesmo jeito
5. arrume um jeito de reorganizar traqueia,

nervos, tecidos moles e tudo mais.

É mais complicado? É. Mas fica mais eficiente, mais bonito, e não seria nada impossível para um processo inteligente. Não importa se a linha de montagem é diferente dos outros vertebrados.

isso que golfinhos e baleias soltam um "jato" da parte de trás da cabeça. Isso é resultado da respiração do bicho, expirando ar pelas narinas sem ter a necessidade de colocar a ponta do focinho para fora nem ter que atrapalhar a natação para respirar. Essa migração não envolve simplesmente a narina "surgir" em outro lugar – no meio do osso frontal, por exemplo. Isso porque a Evolução só trabalha com o que ela já tem previamente, e a informação genética precisa passar pela embriologia primeiro. Uma alteração como uma narina no meio do osso frontal, com uma conexão interna com a traqueia, seria uma transformação muito difícil de acontecer e, se acontecesse, muito provavelmente o indivíduo não seria viável (traduzindo: iria morrer logo; se bobear, antes de nascer). O que vemos no crânio de baleias é um osso nasal retraído, comprimido na parte de trás da cabeça, mas anterior ao frontal, como manda a embriologia de vertebrados. Vemos também um osso pré-maxilar muito esticado, obviamente fechando toda a região anterior do focinho, que não pode ficar aberta só porque a narina migrou para trás. Quando analisamos o registro fóssil, vemos todo esse processo de retração das narinas – levando consigo os ossos nasais. Se os seres vivos não fossem fruto da descendência com modificação, não haveria razão para a ordem de contato dos ossos ser exatamente a mesma, independentemente da alteração da arquitetura craniana. Bastaria, como já exemplificamos, colocar uma narina no alto da cabeça, perfurando o osso que estivesse lá, e pronto; mas não é isso que observamos.

  Também entre os cavalos é possível observar características que se modificaram gradualmente. A mais notável de todas é a redução dos dedos. A espécie mais antiga que nós conhecemos da linhagem dos cavalos era um bichinho herbívoro de pequeno porte, com cinco dedos em cada pata, lembrando um pouco uma anta em miniatura. À medida que se observam as espécies mais novas da linhagem, percebem-se um alongamento das patas e uma redução do número de dedos até chegar ao cavalo atual, que, na fase adulta, tem apenas um dedo. Esse dedo é o dedo do meio (sim, cavalos estão *full time* fazendo um

55 · *Elos perdidos?*

sinal feio para todos, e com as quatro patas), e quando dizemos "na fase adulta", é porque, quando se vê um embrião de cavalo, observa-se que a informação para fazer pelo menos três dedos ainda existe – os dedinhos são formados, mas se perdem nos estágios posteriores da gestação. Isso é mais uma evidência óbvia da Evolução: afinal, se os cavalos não tivessem passado por nenhuma evolução, não haveria sentido algum em a informação de formar vários dedos estar presente no seu DNA, e muito menos se expressar nos embriões. Quem foi criado na fazenda e lida muito com equinos sabe que é raro, mas acontece às vezes de um cavalo nascer com "dedos extras", porque o gene que deveria suprimir o desenvolvimento desses dedos na embriologia por algum motivo não funcionou (o fenômeno é chamado de "atavismo"). A Evolução se confirma nesse caso porque o mecanismo precisa passar obrigatoriamente pela genética e pela embriologia. Ou seja, o jeito de construir um animal com um dedo único passa obrigatoriamente pela informação de construir vários dedos e depois removê-los, simplesmente porque não há regra na Evolução que diga que alguma informação deve ser suprimida. A seleção natural funciona com as pressões do meio ambiente, e na fase embrionária os vertebrados costumam estar protegidos do ambiente externo; então, não há seleção ativa para que este ou aquele processo seja suprimido.

Temos, portanto, esses dois grupos (o das baleias e o dos cavalos) de abundante registro fossilífero com características intermediárias. Porém, quando falamos de grupos de animais de tamanhos menores, com menos partes duras fossilizáveis, ou de grupos muito, muito antigos, aí o registro fóssil costuma não ter exemplares tão bem preservados, ou não ser tão rico, ou não tão elucidativo. Mesmo assim, ainda existem muitos exemplos.

AVESSAUROS

Atualmente, conhecemos um conjunto de fósseis com características intermediárias entre dinossauros e aves tão numeroso e bem preservado que fica difícil dizer quando, especificamente, um fóssil já pode ser chamado de ave. Na verdade, sabemos que as aves são um

grupo muito especializado de dinossauros e, portanto, mesmo essa transição de *dinossauro* para ave é errônea, porque aves continuam sendo dinossauros. Além disso, hoje sabemos que pelo menos os dinossauros mais próximos da linhagem das aves, como os dromeossauros (grupo do qual fazem parte os famosos velocirraptores), eram cobertos de penas. A China é o país onde foram encontrados mais de 90% desses fósseis emplumados com preservação incrível, mas Alemanha, Estados Unidos e Canadá têm também suas relíquias. Por mais extraordinário que seja, atualmente o *Archaeopteryx* tornou-se apenas uma figurinha entre muitas que temos para completar esse álbum da Evolução. Como já contamos antes, nem o *Archaeopteryx* nem nenhum fóssil chinês é ancestral direto das aves, ou pelo menos ninguém tem como afirmar isso. Mas eles possuem as características intermediárias necessárias para que entendamos como as aves surgiram e como o seu voo evoluiu. Quer dizer, ainda que sejam primos, todos esses fósseis ajudam a reconstruir a árvore genealógica da linhagem das aves. Da mesma forma, se tivéssemos as fotos de todos os seus primos, tios e tios-avós, possivelmente identificaríamos traços que se assemelham aos seus, mesmo sem fotos de seus pais e avós, que são seus ancestrais diretos. Assim, ainda que o termo seja bizarro em face das teorias evolutivas atuais, temos aí dezenas de "elos não mais perdidos" que cumprem muito bem o seu papel.

Em terras brazucas, também temos nossa gama de "elos não mais perdidos" em linhagens de vertebrados muito aclamadas, representadas por fósseis da mesma época – o Triássico (230 milhões a 215 milhões de anos atrás) – e localizados no mesmo estado: o Rio Grande do Sul. Ou seja, todos os fósseis brasileiros que serão citados até o fim do capítulo são gaúchos e viveram nesse intervalo de tempo (é bom deixar claro aqui só para não ter que ficar repetindo isso o tempo todo).

Vamos falar então da história mais *pop*: a origem dos dinossauros. Já era conhecido desde a década de 1970 o fóssil do *Staurikosaurus*, um pequeno dinossauro bípede brasileiro. Ele e o argentino *Herrerasaurus* foram considerados os dinossauros mais antigos do mundo por décadas (ambos com menos de um metro de altura). Essa evidência indicava que a origem dos dinossauros poderia estar na América do Sul (não que fizesse muita diferença em uma época em que todos os continentes estavam unidos, mas que é muito legal, isso é). A descoberta do *Eoraptor* na Argentina, em 1993, completou o "trio" dos dinossauros mais antigos do mundo, todos pequenos bípedes do Triássico da América do Sul. Na Argentina também já era conhecido o fóssil do *Lagosuchus*, um bichinho muito, muito parecido com um dinossauro, que já tinha as pernas compridas, possivelmente era bípede, mas que não tinha algumas características diagnósticas fundamentais em dinossauros. O fóssil do também argentino *Marasuchus*, mais completo, divulgado em 1994, ajudou a elucidar um pouco mais o grupo dos "quase dinossauros". Eles já possuíam o fêmur e o púbis com características que apenas dinossauros possuem, o que é um bom indicativo de parentesco. Porém, ainda não tinham o acetábulo perfurado (uma abertura entre os ossos da bacia), que talvez seja a característica mais importante para se diagnosticar um dinossauro. Mas veja que interessante: esse grupo de "quase dinossauros" demonstra que as características que definem um dinossauro foram surgindo aos poucos na linhagem, exatamente como previa a ideia do bom velhinho de Shrewsbury (sim, Darwin nasceu nessa cidade de nome horrível de pronunciar). A linhagem que deu origem aos dinossauros é de pequenos carnívoros de pernas longas possivelmente bípedes, e os primeiros dinossauros *stricto sensu* eram justamente pequenos carnívoros de pernas longas e bípedes.

 Exatamente essa dificuldade de decidir o que já é um dinossauro e distingui-lo do que ainda não é um dinossauro (muito parecida com o problema que temos, milhões de anos depois, para separar o que é uma ave do que não é) acabou acometendo um dos fósseis encontrados aqui no Brasil: o *Sacisaurus*. O nome é curioso, mas tem um motivo: na *assembleia fossilífera* em que foi encontrado esse bichinho, havia 19 fêmures direitos e nenhum esquerdo. O bizarro fenômeno de preservação ainda não foi elucidado, mas valeu o nome de "saci" para o inusitado fóssil que — pasme — era um pequeno bípede de pernas longas, mas aparentemente herbívoro. A descrição original do *Sacisaurus* foi publicada em 2006 e classificou-o como um dinossauro; porém, uma reanálise feita poucos anos depois, em 2010, concluiu que se tratava de um "quase dinossauro", de uma família chamada *Silesauridae*. Em 2013, para complicar mais ainda o negócio, foi sugerido que *Silesauridae* poderia ser incluída *dentro* de *Dinosauria*. Ora bolas, isso prova que os cientistas não dizem nada com nada, estão sempre batendo cabeça e não são confiáveis, correto? Errado. Erradíssimo. Isso só confirma mais uma vez que o nosso amigo Charles tinha razão: quanto mais para o passado se vai, mais as linhagens vão ficando parecidas umas com as outras e mais difícil fica para a gente diferenciar uma da outra. Fóssil não vem com RG, lembra? Ou seja, essa confusão na base dos dinossauros em classificá-los como "quase dinossauro" ou dinossauro *de facto* é *exatamente* o que se esperaria se a Evolução fosse verdadeira.

A coisa fica mais divertida ainda quando incluímos outro dinossauro brasileiro, o *Saturnalia tupiniquim*. Antes, é preciso entender quais são as três linhagens básicas de dinossauros: os carnívoros (todos bípedes, chamados terópodes), os herbívoros pescoçudos quadrúpedes (chamados saurópodes) e os herbívoros com bico (alguns quadrúpedes, outros bípedes, chamados ornitísquios). Vamos pular a parte de explicar as divisões maiores, bem como o grupo que une terópodes e saurópodes (*Saurischia*), porque isso, no momento, seria encher linguiça. Também vamos pular a parte de explicar as relações entre essas três linhagens, que foram muito questionadas em 2017. Agora, basta explicar que os primeiros dinossauros, como já mencionamos, eram carnívoros, mas duas linhagens herbívoras surgiram pouco depois. Se a teoria da Evolução estiver certa, é esperado que, na transição de um dinossauro carnívoro para um herbívoro, sejam encontrados fósseis de animais "no meio do caminho" entre um e outro. A primeira surpresa nesse sentido foi o *Eoraptor*, a última espécie a ser descoberta do "trio" dos primeiros dinossauros. Sua compleição é nitidamente a de um pequeno dinossauro carnívoro, mas análises mais detalhadas feitas em 2011 e 2013 demonstraram que ele está mais relacionado à linhagem dos sauropodomorfos, que deu origem aos gigantes pescoçudos quadrúpedes e herbívoros. Seus dentes não são todos propriamente de carnívoros, o que indica uma possível onivoria (o bicho comeria de tudo um pouco); além dessa, há uma série de características nos membros, nos ombros e na cintura que destoam dos dinossauros carnívoros, mas estão presentes em todos os pescoçudos, como o primeiro dedo da mão, maior e inclinado para dentro.

O *Saturnalia* é ainda mais impressionante, porque ele tem o pescoço levemente mais longo que o *Eoraptor*, mas apresenta as mesmas características de saurópode dele. O *Saturnalia* tinha dentes muito parecidos com os do *Eoraptor* e provavelmente era onívoro também, comendo tudo o que aparecesse. Uma publicação de 2017 demonstrou que o *Saturnalia* tinha uma área cerebral desenvolvida, que usualmente está relacionada com a caça e a captura de presas e que foi diminuindo nas espécies desse grupo que foram surgindo depois. Ele devia se locomover de forma bípede, mas provavelmente se sentia à vontade apoiado em quatro patas, a mesma característica que aparece durante todo o Triássico em todos os membros da linhagem no grupo chamado de prossaurópodes (o nome significa pré-saurópodes, ou seja, precursores dos saurópodes). O quadrupedalismo só vai se fixar na linhagem dos saurópodes no final do Triássico, e é depois, no Jurássico, que eles atingem os tamanhos colossais que os tornaram famosos em filmes e revistas.

Sem querermos ser repetitivos, mas já sendo, essa confusão de caracteres intermediários quando se estuda a origem de um grupo é exatamente o que se esperaria encontrar se a teoria da Evolução fosse correta. A dificuldade de se indicar se tal dinossauro muito antigo pertence à linhagem dos carnívoros ou a alguma linhagem de herbívoros se dá porque, quanto mais recuamos no tempo, mais parecidos os bichos de cada linhagem vão ficando — novamente, como seria previsto se a Evolução fosse verdadeira. Você consegue entender por

que o termo "elo perdido" perde o sentido na realidade? Não há como saber se essa ou aquela espécie é realmente um elo, mas, sendo menos preciosistas, todos esses fósseis que citamos podem ser considerados "elos perdidos", porque todos trazem características intermediárias que podem demonstrar como a Evolução aconteceu.

COM QUANTOS OSSOS SE FAZ UMA MANDÍBULA

Antes de concluir, vamos dar um segundo exemplo no qual temos o mesmo problema de identificação de fósseis justamente por estarem muito no início da linhagem: a origem dos mamíferos. A maioria das características de mamíferos que conseguimos identificar hoje em dia não se fossiliza com facilidade (como pelos ou orelhas) ou são traços comportamentais que não se fossilizam nunca (como amamentar os filhotes). Assim, os paleontólogos se baseiam numa série de características do esqueleto para identificar um mamífero, e basicamente há um consenso de que duas delas são as principais: 1) a mandíbula ser formada por um único osso, o dentário; e 2) o ouvido interno possuir três ossinhos. Mas isso surge do nada no registro fóssil? É claro que não. Temos algumas centenas de espécies de animais que mostram toda uma transformação desde uma criatura com forma de réptil – tecnicamente seria um réptil, mas cladisticamente não é (não vale a pena quebrar a cabeça com isso agora, fica para a próxima) – até um animal com esqueleto que podemos reconhecer como mamífero. Os fósseis mais antigos possuem mandíbula com vários ossos, que vão reduzindo e se perdendo gradualmente nos fósseis mais recentes. Os fósseis mais antigos possuem apenas um osso no ouvido interno, e conforme se acompanha os fósseis mais recentes, veem-se dois ossos da articulação da mandíbula migrando para dentro do ouvido, até formar os nossos já conhecidos ossículos (martelo, bigorna e estribo). Há outras características que podem ser acompanhadas, como a especialização da forma dos dentes e a modificação de estruturas da coluna – indicando uma transformação do padrão de movimentação lateral reptiliano para uma movimentação mais dorsoventral (se não fosse assim, você nunca conseguiria fazer abdominal, nem mesmo abaixar para amarrar o cadarço) –, bem como a perda das costelas lombares, que pode ser um indicativo da presença de um diafragma (que permite uma respiração mais parecida com a dos mamíferos).

Todos esses fósseis com características intermediárias entre um vertebrado com forma reptiliana e um mamífero propriamente dito foram encontrados em rochas do final do Carbonífero, do Permiano e do Triássico, perfazendo um espaço de tempo que vai de 310 milhões a 205 milhões de anos atrás. Alguns desses fósseis também são gaúchos, como os dicinodontes de Santa Maria. Esse intervalo de 105 milhões de anos é um tempo mais do que razoável para a linhagem passar pela transformação que culminou em pequenos onívoros noturnos com cara de musaranhos (se você não conhece esse bicho, imagine uma mistura de rato com toupeira), que se diversificaram ao longo do Jurássico e do Cretáceo em várias outras ramificações, todas com cara de musaranhos também, até finalmente, depois da extinção dos grandes répteis, conseguir se diferenciar nas mais variadas formas existentes hoje. O curioso é que, de todas as linhagens de mamíferos atuais, o grupo mais primitivo entre elas (em análises cladísticas, seja usando caracteres anatômicos, seja usando caracteres genéticos) é sempre o de algum bichinho com cara de musaranho. No grupo dos marsupiais, os mais antigos têm cara de musaranhos (como os gambás comuns no Brasil, também conhecidos como opossuns ou saruês). Na linhagem de mamíferos africanos, há os musaranhos "tradicionais" (aqueles cujo nome popular é musaranho mesmo). Pegando a ramificação dos mamíferos da Eurásia, idem: são chamados de "musaranhos europeus". No ramo que dará origem aos primatas, a mesma coisa, mas são chamados de musaranhos-arborícolas e, como o próprio nome diz, vivem em árvores, como todos os descendentes dessa linhagem (exceto nós, que quisemos pagar de diferentões e descemos pro chão). Todos esses musaranhos são ancestrais dos demais mamíferos? Não, cla-

ro que não, mas são os ramos que apresentam as características mais antigas do grupo e que mudaram pouco no decorrer desses milhões de anos. Isso significa que, quanto mais para o passado se vai, mais os grupos vão ficando parecidos entre si? É isso mesmo, produção? Evolução fazendo previsões bem-feitas, como manda o figurino das teorias científicas?

Olha só que maravilha: parece que foi uma notável coincidência Darwin ter nascido em Shrewsbury (*shrew* é musaranho em inglês; apesar de a etimologia do nome vir do inglês antigo ou anglo-saxão e querer dizer algo como "a fortaleza entre os arbustos", a gente não podia deixar essa coincidência passar, certo?).

Para finalizar este capítulo, gostaríamos apenas de reforçar que o mantra dos "fósseis intermediários" ou dos "elos perdidos", repetido à exaustão por pessoas que querem posar de muito inteligentes questionando teorias científicas bem estabelecidas, nada mais é do que uma falácia. Trata-se de um discurso muitas vezes vazio, que, jogado para uma plateia leiga e incauta, parece coerente, mas que na verdade é, na melhor das interpretações, um argumento baseado em ignorância do método evolutivo, e, na pior das interpretações, uma mentira deslavada. O fato é que o termo "elo perdido" é muito inadequado para descrever a ciência evolutiva que é trabalhada hoje. E, mesmo que fosse adequado, temos milhares de fósseis com características intermediárias encontrados em todas as linhagens, tanto de plantas quanto de animais vertebrados ou invertebrados, e todos eles podem servir como "elo não mais perdido" se você tiver a boa vontade de ir atrás das fontes e estudar o que a ciência já publicou sobre eles. Diante da realidade, ficar insistindo nessa ideia de apontar os "elos perdidos" e a ausência de "fósseis intermediários" (como já fez — no Plenário — o bispo e prefeito do Rio de Janeiro na gestão 2016-2020) é sinal de ignorância. E se, mesmo com o conhecimento necessário, esse argumento ainda for utilizado, aí não se pode alegar ignorância, mas podemos diagnosticar talvez um caso de teimosia patológica, ou quiçá algo pior.

63 · *Elos perdidos?*

REFERÊNCIAS

Leituras gerais
AMORIM, Dalton. *Fundamentos de sistemática filogenética*. Ribeirão Preto: Holos, 2002.
BRUSCA, Gary; BRUSCA, Richard. *Invertebrados*. 2. ed. Rio de Janeiro: Guanabara Koogan, 2007.
DARWIN, Charles. *A origem das espécies através da seleção natural*. São Paulo: Edipro, 2017. (Tradução da 1ª edição de 1859).
TAYLOR, Paul; O'DEA, Aaron. *A history of life in 100 fossils*. Washington, DC: Smithsonian Books, 2014.

Sobre o *Homo heidelbergensis*
NEVES, Walter; PILÓ, Luís. *O povo de Luzia*: em busca dos primeiros americanos. São Paulo: Globo, 2008.
STRINGER, Chris. The status of *Homo heidelbergensis* (Schoetensack 1908). *Evolutionary Anthropology*, v. 21, n. 3, p. 101-107, 2012.

Sobre pumas
CULVER, Melanie et al. Genomic ancestry of the American puma (*Puma concolor*). *Journal of Heredity*, v. 91, n. 3, p. 186-197, 2000.

Sobre minhocas
ERSÉUS, Christer. Phylogeny of oligochaetous Clitellata. *Hydrobiologia*, v. 535/536, p. 357-372, 2005.

Sobre baleias
GINGERICH, Philip. Whale evolution. In: *McGraw-Hill yearbook of science and technology*, 2004. p. 376-379.
_____. Early evolution of whales: a century of research in Egypt. In: FLEAGLE, John G.; GILBERT, Christopher C. (Org.). *Elwyn Simons*: a search for origins. Nova York: Springer, 2007. p. 107-124.

Sobre cavalos
MACFADDEN, Bruce. *Fossil horses*: systematics, paleobiology, and evolution of family *Equidae*. Cambridge, MA: Cambridge University Press, 1992.

Sobre atavismos
DREHMER, César. Uma revisão dos atavismos em vertebrados. *Neotropical Biology and Conservation*, v. 1, n. 2, p. 72-83, 2006.

Sobre o *Archaeopteryx*

MAYR, Gerald; POHL, Burkhard; PETERS, Stefan. A well-preserved *Archaeopteryx* specimen with theropod features. *Science*, v. 310, p. 1483-1486, 2005.

RASHID, Dana et al. From dinosaurs to birds: a tail of evolution. *EvoDevo*, v. 5, n. 25, 2014. Disponível em: https://doi.org/10.1186/2041-9139-5-25. Acesso em: 20 dez. 2018.

Sobre a origem dos dinossauros e a evolução das principais linhagens

BRONZATI, Mario et al. Endocast of the Late Triassic (Carnian) dinosaur *Saturnalia tupiniquim*: implications for the evolution of brain tissue in Sauropodomorpha. *Scientific Reports*, v. 7, n. 11931, 2017. Disponível em: https://www.nature.com/articles/s41598-017-11737-5. Acesso em: 26 dez. 2018.

LANGER, Max et al. The origin and early evolution of dinosaurs. *Biological Reviews*, v. 85, p. 55-110, 2010.

SERENO, Paul; MARTÍNEZ, Ricardo; ALCOBER, Oscar. Braincase of shape *Panphagia protos* (*Dinosauria, Sauropodomorpha*). *Journal of Vertebrate Paleontology*, v. 32, sup. 1, p. 70-82, 2013. Disponível em: https://www.researchgate.net/publication/257449092_Braincase_of_Panphagia_protos_Dinosauria_Sauropodomorpha. Acesso em: 20 dez. 2018.

_____. Osteology of *Eoraptor lunensis* (*Dinosauria, Sauropodomorpha*). *Journal of Vertebrate Paleontology*, v. 32, sup. 1, p. 83-179, 2013. Disponível em: https://www.researchgate.net/publication/257449092_Braincase_of_Panphagia_protos_Dinosauria_Sauropodomorpha. Acesso em: 20 dez. 2018.

Sobre dinossauros com penas

CHEN, Pei-ji; DONG, Zhi-ming; ZHEN, Shuo-nan. An exceptionally well-preserved theropod dinosaur from the Yixian Formation of China. *Nature*, v. 391, p. 147-152, 1998.

GAUTHIER, Jacques; DE QUEIROZ, Kevin. Feathered dinosaurs, flying dinosaurs, crown dinosaurs, and the name "Aves". In: GAUTHIER, Jacques; GALL, Lawrence F. (Org.). *New perspectives on the origin and early evolution of birds*: proceedings of the international symposium in honor of John H. Ostrom. New Haven: Peabody Museum of Natural History, Yale University, 2001.

JI, Qiang et al. The distribution of integumentary structures in a feathered dinosaur. *Nature*, v. 410, p. 1084-1088, 2001.

SAWYER, Roger; KNAPP, Loren. Avian skin development and the evolutionary origin of feathers. *Journal of Experimental Zoology (Mol Dev Evol)*, v. 298B, p. 57-72, 2003.

XU, Xing et al. Basal tyrannosauroids from China and evidence for protofeathers in tyrannosauroids. *Nature*, v. 431, p. 680-684, 2004.

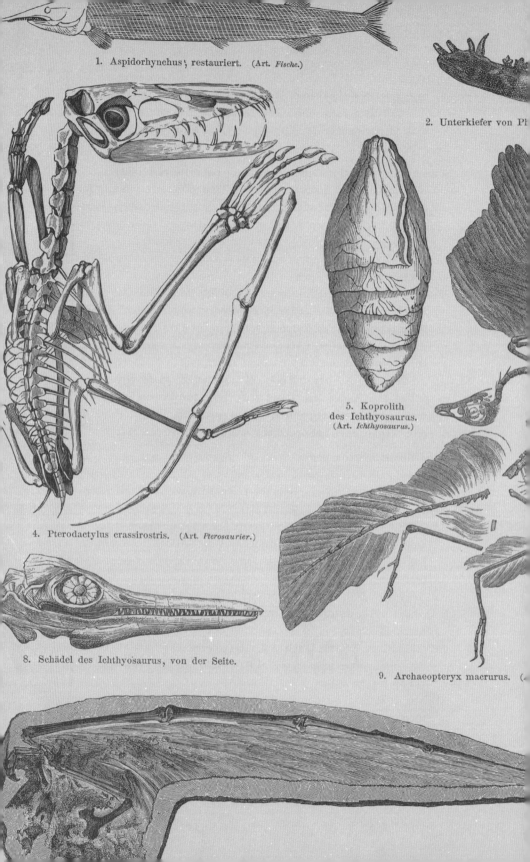

1. Aspidorhynchus, restauriert. (Art. *Fische*.)
2. Unterkiefer von Pl
4. Pterodactylus crassirostris. (Art. *Pterosaurier*.)
5. Koprolith des Ichthyosaurus. (Art. *Ichthyosaurus*.)
8. Schädel des Ichthyosaurus, von der Seite.
9. Archaeopteryx macrurus.

Capítulo 3
QUANDO A VIDA QUASE SUMIU

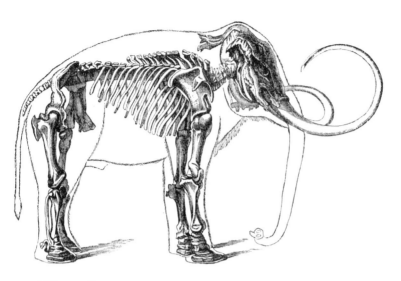

Você pode estar se perguntando por que raios há um capítulo sobre extinções em massa em um livro sobre Evolução. Mas a resposta ficará óbvia no decorrer do texto, quando você entender que nós — ou qualquer outra forma de vida que reconhecemos hoje — provavelmente não estaríamos aqui caso as grandes ondas de extinção do passado não tivessem ocorrido. Além disso, a ideia é mostrar que não estamos a salvo do extermínio numa futura extinção nem deixamos de ser algozes na onda de extinção que ocorre atualmente.

Para começar em alto astral, podemos dizer que a extinção é a regra desde a origem da vida. Há muito mais formas de estar morto do que de estar vivo e, para todos os seres vivos do mundo (isso inclui você), a chance de não terminar esta semana com vida é maior do que a de viver até uma idade longeva (a menos que o nobre leitor já seja muito idoso, e aí já pode se considerar um sortudo na loteria da vida). É óbvio que, no caso dos seres humanos, a vida tecnológico-científica e quase totalmente urbana que vivemos hoje diminuiu o risco de morrermos precocemente por uma série de motivos. Mas, se colocarmos a coisa na ponta do lápis, em termos de probabilidade, veremos que nossas chances de sobrevivência ainda são muito menores do que gostamos de pensar. Espécies (termo por si só já difícil de definir — se é que existe) vêm e vão, extinguem-se por completo sem deixar herdeiros ou se transformam de tal forma que seus descendentes não são mais reconhecíveis em seus ancestrais. Essas extinções cotidianas (sim, há cálculos dizendo que anualmente espécies são extintas) são denominadas *extinções de fundo*. Também podem ocorrer os chamados *eventos de extinção*, quando um conjunto inteiro de espécies desaparece em um período muito curto de tempo, o que também ocorre com certa frequência, como uma explosão vulcânica que extermina a vida em uma ilha, por exemplo. Já as extinções em massa não são eventos banais, e são tratadas, portanto, de forma diferente.

Obviamente, tudo o que sabemos das extinções do passado é baseado em evidências fósseis. Não apenas restos fósseis de animais, plantas e seres unicelulares, mas também vestígios de sua passagem ou mesmo dados coletados em rochas, solo, gelo, oceanos e outros elementos que não são vivos (nem nunca foram), mas que podem guardar dados relevantes sobre o passado da Terra. Para entender como esses dados são usados, é inevitável explicar como nós sabemos a idade dos registros do nosso planeta, o que faremos da forma mais breve possível. Vale ressaltar o "possível" porque a *geocronologia* é uma disciplina riquíssima em informação, com pesquisas feitas por décadas no mundo inteiro, e vai ser complicado resumir tudo para caber em poucos parágrafos.

SANDUÍCHE DE FÓSSEIS

A maneira mais simples e mais antiga de fazer uma datação de registros fósseis é baseada no princípio da sobreposição de camadas. É assim: as rochas que existem na crosta terrestre podem possuir apenas três origens: vêm do subsolo (ou seja, rochas vulcânicas, chamadas rochas magmáticas ou ígneas); têm origem biótica (ou seja, são produzidas por formas de vida, como arrecifes de corais e rochas cársticas, que são calcárias); ou possuem origem extraterrestre (basicamente meteoritos). Esse último item da lista é uma porcentagem irrisória do todo. Já as rochas de origem biótica, que quase sempre são as que possibilitam a formação de cavernas, estão irregularmente espalhadas e apenas na porção mais superficial da crosta. Isso significa que a maioria esmagadora de todas as rochas da crosta tem origem vulcânica (do subsolo).

Mas nem todas essas rochas ígneas se apresentam como grandes formações vulcânicas, como as Ilhas Galápagos, ou cristalinas, como a nossa Serra do Mar. Algumas rochas ígneas são pulverizadas pela erosão (efeito de ventos, chuva etc.), e esse "pó de rocha" se deposita nas regiões mais baixas (vales, fundos de lagos etc.), formando solo (basicamente, terra = pedra moída + matéria orgânica) e lama (no fundo dos lagos ou terrenos alagadiços). Com o passar dos milênios, essas camadas de solo e lama vão se compactando e outra camada é depositada em cima delas, e esse ciclo se repete milhares de vezes até alguns processos geológicos transformarem todo esse solo compactado em rocha. Essa rocha que se apresenta em camadas é chamada de rocha sedimentar (por ser formada de sedimentos – o nome formal que damos a esse pó de rocha). Calcula-se que, apesar de as rochas sedimentares representarem apenas 5% da composição da crosta terrestre, como elas ficam todas na camada mais superficial da crosta, chegam a compor 75% da cobertura. É nessas rochas que encontramos 99,99% dos fósseis litificados, ou seja, que já "viraram pedra" (estamos excluindo aqui fósseis encontrados no gelo e em cavernas recentes, por exemplo). Calma, a gente já chega na parte da idade dos fósseis...

O fato de as rochas sedimentares conterem quase todos os fósseis conhecidos fica bastante óbvio quando se imagina como um fóssil se forma. Basicamente, o organismo precisa ser enterrado antes que alguma coisa destrua seu corpo. Se o sujeito foi enterrado vivo, a chance de isso acontecer aumenta (sim, é uma morte horrível, mas os paleontólogos se beneficiam dela). Mas, se o organismo morreu antes de ser enterrado, há uma chance grande de o seu corpo ser destruído por seres necrófagos (que se alimentam de matéria morta), ser levado pela água da chuva, desassociar-se em várias partes pequenas e não deixar nada para virar fóssil. Uma lástima, mas é o mais comum, segundo os *tafônomos* (especialistas em saber como os fósseis se formam). Ivan Yefremov, o primeiro tafônomo oficial da ciência moderna, ficava no mato observando o que acontecia com os animais que morriam: quem vinha comer suas carcaças, o que a chuva, o vento e a neve faziam com o que sobrava etc. E a conclusão dele foi que uma porcentagem muito pequena dos animais (ou partes deles) que morrem é enterrada, tendo assim a possibilidade de virar fóssil. Mais do que isso: nada garante que um ser vivo, por ter sido soterrado, irá efetivamente virar um fóssil no futuro. Na verdade, ele passou apenas da fase 1. Ele ainda precisa "sobreviver" (sim, ele já morreu, mas você entendeu) aos processos que podem ocorrer no subsolo, como atividade bioturbadora de alguns animais e plantas (basicamente túneis de minhoca, raízes etc.), água atravessando o solo (e possivelmente despedaçando o defunto), pressão e temperatura no processo de formação da rocha (podendo triturar o cadáver ou até pulverizá-lo), dobramento da formação rochosa (ainda citaremos isso) e muitos outros. Então, não é fácil um fóssil se formar, e condições favoráveis que acabam gerando *assembleias* (ou seja, conjuntos) fantásticas de milhares de fósseis com preservação alucinante (como em Liaoning, na China, ou em Araripe, no Ceará) estão restritas a ambientes muito pontuais no espaço e no tempo. Calcula-se que menos de 1% de tudo que já viveu na Terra tenha se fossilizado ou deixado algum rastro de sua existência.

Ufa! Mas ainda não falamos da idade dos fósseis. Calma, já vamos chegar lá. Agora que você tem noção de como um fóssil se forma, podemos explicar o princípio de sobreposição das rochas sedimentares: basicamente, o fóssil que está na camada mais profunda é mais velho que o fóssil que está na camada mais superficial. Faz sentido, não? Se as camadas mais novas vão se depositando acima das que já estavam lá, os organismos que ficam presos ali no processo vão sendo sucessivamente mais novos quanto mais próximos ao topo da sequência eles estão.

Claro, há alguns fenômenos que a mãe natureza proporciona que parecem feitos apenas para deixar os cientistas com ódio. Um deles é o processo de dobramento geológico, o qual, como o nome indica de maneira muito didática, se dá quando todo um pacote de rochas é "dobrado" mediante a pressão causada por pacotes de rocha mais resistentes ou maiores. Essas pressões podem ocorrer por erupções vulcânicas, mas principalmente por movimentos tectônicos, ou seja, quando há a movimentação de duas placas tectônicas (aqueles pedações em que se divide a crosta terrestre). Duas placas se movendo podem causar um apertão em alguns pontos, o que pode fazer todo um pacote de rochas dobrar, e aí a camada que está embaixo pode inverter sua posição e ficar por cima. Por sorte, os geólogos sabem muito bem como detectar isso e ver se o pacote está invertido ou não. O estudo das camadas de rochas sedimentares é chamado de *estratigrafia*, que, assim como a geocronologia, é uma ciência fascinante, com toneladas de estudos e milhares de profissionais trabalhando arduamente no mundo todo.

Finalmente, temos aqui um primeiro jeito de determinar a idade de um fóssil: a chamada *datação relativa*. Relativa por quê? Porque só conseguimos dizer qual fóssil é mais antigo e qual é mais novo, não sendo possível dizer a idade exata e absoluta deles. Mas isso já é suficiente para detectar extinções em massa no registro fóssil. Como? Bem, isso acontece quando, na camada de rochas que está abaixo, há uma rica diversidade fóssil e, na camada de rochas logo acima, essa diversidade diminui drasticamente. Mas aí você pode estar pensando: e se o problema for que a rocha mais acima não tinha condições para formar fósseis? Óbvio que os paleontólogos já pensaram nisso antes; eles só constatam uma extinção em massa quando a rocha da camada de cima possui condições de formar fósseis e mesmo assim apresenta uma diversidade baixa. Frisamos o adjetivo *baixa*, não inexistente. Ou seja, estamos comparando duas camadas de rochas *fossilíferas*, uma mais antiga e outra imediatamente mais nova. Mas é interessante considerar que se, em determinada era do passado da Terra, poucos fósseis

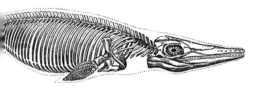

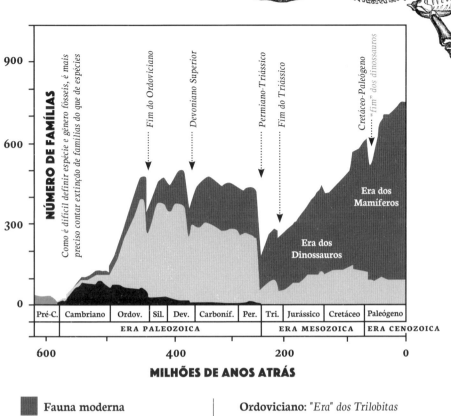

No gráfico, vemos a diversidade de famílias de animais no tempo, pegando todo o Éon Fanerozoico e um pedacinho do final do Pré-Cambriano, o Éon Proterozoico.
As setas apontam para as cinco grandes extinções em massa, mas dá para perceber que houve várias outras de menor escala (encontre-as no texto e tente achá-las no gráfico). A escala não permite apontar a sexta extinção em massa (a causada por nós, principalmente nos últimos 500 anos).

Repare que ainda hoje há remanescentes vivos da fauna paleozoica, como braquiópodes, caranguejos-ferradura, escorpiões e anfioxos.

Quando a vida quase sumiu

se formaram, pode haver, sim, um "falso negativo", ou seja, uma ausência no registro fóssil que não corresponde à realidade que ocorreu na época. E, como já explicamos, há mais maneiras de um fóssil *não* se formar do que maneiras de ele se formar.

Seria muito legal ficar explicando aqui sobre Darwin e seu mentor Charles Lyell, que era geólogo, e sobre como eles começaram a tentar desvendar a idade da Terra, e falar depois sobre Lorde Kelvin e sua ideia de calcular a velocidade de resfriamento do planeta. Mas isso faria com que nunca chegássemos ao ponto principal do capítulo: extinções em massa na história da Terra. Então vamos nos ater a explicar muito superficialmente o funcionamento dos métodos de datação absoluta, que nos permitem dizer quantos milhões de anos uma rocha tem. Esses métodos passaram a ser utilizados com mais frequência a partir da década de 1950 e hoje existem vários deles, mas todos funcionam basicamente do mesmo jeito: por meio da medição do decaimento radioativo dos elementos.

Expliquemos. Por muito tempo, o pessoal achou que o átomo fosse a menor unidade da matéria. Hoje, sabemos que ele não é indivisível, mas composto por uma série de partículas que, por sua vez, são compostas por outras partículas ainda menores. Porém, para fins práticos, o átomo ainda é considerado a unidade básica da matéria. Seu núcleo é formado por partículas chamadas prótons e nêutrons, e o número de prótons determina o elemento ao qual nos referimos. Ou seja, se um átomo tiver apenas um próton em seu núcleo, chamamos o sujeito de hidrogênio. Se tiver dois prótons em seu núcleo, chamamos o bicho de hélio. Se tiver seis prótons no núcleo, é carbono. Se tiver 92 prótons, é urânio. E assim a tabela periódica ordena os elementos, indo do que tem menos prótons em seus átomos para o que tem mais. Por menor que seja um próton, ele é matéria, e quanto mais prótons um átomo carrega, mais massa ele tem, ou seja, é mais pesado. Porém, não apenas o peso do átomo importa aqui na nossa explicação, mas também o equilíbrio entre as partículas. Todo próton é considerado uma partícula de carga positiva, equilibrada pelos

elétrons (que são as partículas negativas, mas que não fazem parte do núcleo), e todo nêutron – como o nome diz – possui carga neutra. Apesar de ter a carga neutra, cada átomo tem um equilíbrio específico entre essas partículas – normalmente, quando há o mesmo número de prótons e nêutrons – e fica profundamente incomodado quando a quantidade de partículas não é a ideal. Às vezes ele se livra apenas de nêutrons – alguns átomos de determinados elementos químicos possuem, na natureza, variedades com diferentes números de nêutrons, chamadas de *isótopos*. Às vezes ele se livra de nêutrons e também vai algum próton junto, e ele se torna um átomo de outro elemento. Pouco importa para um átomo se ele irá se transformar formando outro elemento ou não (quem se importa com isso somos nós, humanos), o importante é que ele fique com as quantidades ideais de prótons e nêutrons. A esse ato de cuspir partículas é que damos o nome de *radiação*. Portanto, um elemento cheio de átomos que liberam radiação recebe o nome de *elemento radioativo*.

Tanto esse desequilíbrio de partículas quanto o peso do átomo fazem com que ele fique instável. Ou seja, não apenas elementos com partículas desequilibradas são radioativos, mas elementos com partículas demais também o são. E, nesse caso, o ponto de estabilidade não necessariamente ocorre quando há o mesmo número de prótons e nêutrons. Por exemplo, o urânio possui, em geral, de 234 a 238 partículas em seu núcleo, sendo que apenas 92 são prótons, o que faz dele um átomo gigante e desequilibrado. Na sua ânsia de ficar estável, o urânio acaba liberando tanto prótons quanto nêutrons, transformando-se em outro elemento. Na verdade, ele forma uma cascata enorme de isótopos de elementos diferentes – tório, rádio, radônio, protactínio, bismuto, polônio (sim, todos esses elementos estão na tabela periódica, dê uma lida em uma e veja se consegue achar todos) – até chegar ao chumbo estável (que possui 82 prótons e 124 nêutrons). Acontece que o tempo que demora para um átomo radioativo se transformar em outro pode ser medido. E algumas contas básicas podem ser feitas.

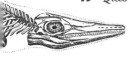

75 · *Quando a vida quase sumiu*

EXEMPLOS DE DOBRAMENTO GEOLÓGICO

Depois de milhões de anos, erosão carcome a parte de cima. Fica rocha nova nas bordas e velha no meio, parecendo que são da mesma idade por estarem no mesmo nível, bagunçando tudo

Se os cientistas escavarem bem em cima da dobra, tem camada mais nova abaixo de camada mais velha, estragando tudo. Ainda bem que estratígrafos sabem que isso acontece e conseguem detectar um dobramento desse tipo (com ajuda de algum especialista em geotectônica)

Não vem ao caso aqui expor como os cientistas descobriram que dá para calcular o tempo em que metade de uma amostra de determinado elemento radioativo se transforma em outra. Basta saber que o princípio foi testado com elementos que decaem — perdem peso e emitem radiação — muito rápido e comparado com elementos externos de idade conhecida, provando que o método funciona não só muito bem, mas com exatidão surpreendente (claro, desde que respeitados os protocolos, evitada a contaminação de amostras etc.). Esse tempo que demora para metade de uma amostra se transformar em outra é chamado de *meia-vida*. Podemos calcular a meia-vida de qualquer rocha vulcânica do planeta, porque o "cronômetro" dela é zerado a partir do momento da solidificação. "Ahá!", poderá bradar algum crítico um pouquinho mais sagaz. "Descobri uma falha no método: vocês explicaram que fósseis são encontrados em rochas sedimentares, que são pó de rochas vulcânicas, certo? Então esse pó, se for datado, vai dar a idade da rocha que o formou, muito antes de ele virar pó, e não a idade do fóssil que morreu ali, milhares ou milhões de anos depois. Onde está seu Darwin agora, cientistas sabichões?"

Pois bem, lamentamos desapontá-lo, caro crítico fictício, mas os cientistas não são tão burros assim; eles já pensaram nisso. Afinal, só sabemos desse problema porque os próprios cientistas que bolaram o método pensaram nele. Para resolvê-lo, basta você achar algum derramamento vulcânico em estratos anteriores e posteriores do pacote de rochas sedimentares que você quer datar. Sim, pode parecer algo difícil de acontecer, mas, na história da Terra, explodiram vulcões ~~pra cara~~ aos montes, em todos os períodos e em praticamente todos os lugares. Apenas casos muito raros não possuem esse "sanduíche" de lava solidificada que pode ser datado. Fazendo essa datação, estabelece-se uma idade mínima e uma máxima para o pacote de rochas sedimentares do meio (o "recheio" desse sanduíche).

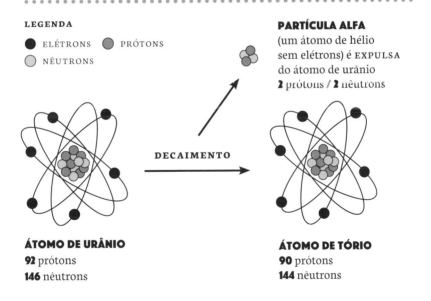

E aí, como fazemos para saber a idade dos fósseis desse recheio dentro desse intervalo? Fácil, usando a boa e velha estratigrafia: quanto mais para baixo do pacote, mais próximo da idade máxima; quanto mais para cima do pacote, mais próximo da idade mínima. Além disso, já que esse mesmo pacote pode ser identificado em outros lugares do mundo, até mesmo com a possibilidade de que haja derrames vulcânicos em etapas diferentes no meio dele, é possível chegar a datas com níveis de precisão que deixariam o leitor bastante impressionado.

Hoje é possível a ciência afirmar que a Terra possui cerca de 4,5 bilhões de anos de idade e que a vida surgiu há aproximadamente 3,7 bilhões de anos (há quem diga 4 bilhões, mas os estudos ainda não são conclusivos). Como já dissemos no primeiro capítulo, mas vale a pena repetir a título de comparação (além de dar uma injeção de humildade no nobre leitor), a espécie humana surgiu há apenas 300 mil anos. Só a comparação entre a quantidade de zeros nos dois números já dá uma noção da diferença de grandeza: 3.700.000.000 versus 300.000!

DATAÇÃO DOS FÓSSEIS COM MAIS DE 50 MIL ANOS

ROCHA VULCÂNICA
datável com precisão absoluta, formando o pão debaixo do "sanduíche". Ela dirá a idade máxima dos fósseis do "recheio"

ROCHA SEDIMENTAR
onde há fósseis. Sabemos a idade máxima e a mínima da formação da rocha. Dentro desse intervalo, a estratigrafia indica a idade aproximada de um fóssil

ROCHA VULCÂNICA
datável com precisão absoluta, formando o pão de cima do "sanduíche". Ela dirá a idade mínima dos fósseis do "recheio"

CADÊ A VIDA QUE ESTAVA AQUI?

O.k., será que agora podemos falar das extinções em massa sem maiores problemas? Cremos que sim. E quais são as camadas de rocha que mostram uma grande diversidade fóssil que parece se reduzir drasticamente nas camadas acima? A resposta é: várias. Temos conhecimento de dezenas de reduções abruptas de flora e fauna no registro fóssil no mundo todo, tanto que praticamente todas as divisões no tempo geológico que temos hoje são identificáveis porque começam e terminam com extinções seguidas de uma nova diversificação da fauna e da flora. Desses eventos de extinção, apenas cinco mostram uma redução percentualmente relevante, a ponto de serem chamados de "as grandes cinco". São elas: a do final do Ordoviciano; a do meio do Devoniano; a Permiano-Triássica (transição da Era Paleozoica para a Mesozoica); a da transição do Triássico para o Jurássico; e a chamada K-P, do Cretáceo pro Paleógeno (transição da Era Mesozoica para a Cenozoica).

O nome "as grande cinco" se deve a três fatores principais: 1) desapareceram mais espécies nessas extinções do que em qualquer outro evento; 2) as espécies desaparecidas ocupavam diversos nichos ecológicos no mundo todo; 3) os eventos parecem ter sido causados por uma única crise global (ainda que cada um deles tenha tido diversas causas).

Para facilitar a vida, vamos citar apenas as principais divisões do tempo geológico, só para você não se perder muito. O ideal é achar uma tabela na internet e ir acompanhando, mas, caso isso não seja possível no momento, vamos tentar dar uma noção das divisões principais sem encher demais a sua cabeça com nominhos.

Basicamente, há cinco escalas de grandeza na divisão do tempo geológico: éons (a mais abrangente de todas), que se dividem em eras, que se dividem em períodos, que se dividem em épocas, que se dividem em idades (que muitas vezes são também chamadas de andares, por causa da sucessão estratigráfica). E, nessas horas, agradecemos por ter o português como língua-mãe, porque em inglês os termos são tão parecidos que nos confundem o tempo todo. Então, agora que já sabemos as escalas, da mais abrangente para a menos abrangente (éon, era, período, época e idade ou andar), vamos citar algumas delas. Temos quatro éons desde o surgimento do planeta, sendo que os três mais antigos são usualmente agrupados no genérico *Pré-Cambriano*, quando surge de tudo: crosta terrestre, oceanos, atmosfera e vida. Essa fase termina no Período Ediacarano, quando já há uma boa diversidade de vida complexa, que citaremos no decorrer do capítulo. A figura da página 73 vai ajudar você a se localizar.

O éon que interessa mesmo agora é o mais recente, que começa há 541 milhões de anos e se estende até hoje, o Fanerozoico (ou o éon da "vida manifesta", traduzindo do grego). O Fanerozoico se divide em três eras, com nomes muito fáceis de guardar: Paleozoico (paleo = antigo, ou seja, a mais antiga das três eras), Mesozoico (a era do meio — literalmente) e Cenozoico (ou "era recente", pois deriva do grego *kainôs*, que significa recente). O Paleozoico vai de 541 milhões a 251 milhões de anos atrás (sendo a mais longa das três eras); o Mesozoico vai de 251 milhões a 65 milhões de anos atrás; e o Cenozoico vai de 65 milhões de anos atrás até hoje (sendo a mais curta das três eras). Aqui também é bom mencionar os nomes de alguns períodos relevantes dessas três eras, porque serão citados até o final do capítulo. A Era Paleozoica é dividida em seis períodos, a saber: Cambriano (o mais antigo, no qual ocorre a "explosão da vida" que muitos discutem, inclusive nós aqui neste capítulo), Ordoviciano (o "período dos trilobitas", por sua rica diversidade), Siluriano (quando surge a primeira vida terrestre — no caso, as plantas, seguidas pelos animais invertebrados), Devoniano (chamado de "Era dos Peixes" — apesar de não ser uma era, o que ajuda a confundir tudo), Carbonífero (chamado assim porque a maioria dos depósitos de carvão mineral que temos hoje veio desse período, por causa das grandes florestas que existiam, sendo também conhecido como "Era dos Anfíbios", nome popular que gera o mesmo problema de nomenclatura) e Permiano, o mais recente deles. Já a Era Mesozoica é a chamada "Era dos Dinossauros" (dessa vez sem confusão de termos) e é dividida em apenas três períodos, que são muito mais conhecidos

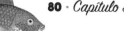

do público em geral devido aos seus fósseis mais ilustres: Triássico (mais antigo, quando surgem os dinos), Jurássico (o mais famoso, período de maior diversidade dos dinossauros) e Cretáceo (período mais novo dos três, quando viveu o *T. rex*). As divisões do Cenozoico serão exploradas muito brevemente, então nem vamos explicar para não encher mais ainda a sua cabeça.

A principal coisa a ser dita sobre extinções em massa é que, apesar de elas terem ocorrido de forma muito abrupta no registro geológico, na prática elas não se deram em cinco minutos. Nem em um dia, ou em uma semana, ou um ano. Alguns eventos de extinção em massa podem ter demorado até meio milhão de anos para se "concretizar", ou seja, para que a onda de desaparecimentos cessasse e a diversidade começasse a se reerguer. Mas o que são 500 mil anos quando estamos falando de idades da ordem de mais de 60 *milhões* de anos? Façam as contas. Isso seria até irrelevante para o cômputo geral, mas é importante deixar bem claro que extinções em massa não ocorreram de uma hora para a outra nos *nossos* padrões temporais, não só para esclarecer que os mecanismos evolutivos tiveram, sim, tempo de agir para gerar uma nova diversidade, mas também para darmos as devidas dimensões quando estivermos falando do nosso papel como espécie no planeta.

Dos vários eventos de extinção registrados, calcula-se que o mais antigo tenha sido o da origem da fotossíntese, que produziu o oxigênio em abundância da nossa atmosfera — até onde sabemos, inexistente nos demais planetas conhecidos. Esse oxigênio que hoje representa 20% do ar é o que sustenta a vida, porque, além de proporcionar as trocas gasosas de quase todos os seres vivos, ainda propiciou a *ozonosfera* (a gloriosa *camada de ozônio*), que protege a Terra da radiação mais agressiva vinda do Sol. Mas o oxigênio no começo da vida na Terra era absurdamente tóxico, porque a vida que existia não estava acostumada a ele e não usava esse gás como elemento para reação orgânica alguma. Ou seja, o surgimento da fotossíntese provavelmente matou a maior parte da vida na Terra no período (possivelmente uns 2,5 bilhões de anos atrás), se-

lecionando apenas as formas de vida resistentes a esse terrível gás e, depois, privilegiando aquelas que poderiam usar esse gás a seu favor no funcionamento das células.

Mas essa grande extinção é postulada com base em mineralogia, e não no registro fóssil. Com base em fósseis, mesmo, sabemos que houve algumas extinções muito, muito antigas, como o final da biota ediacarana, há 542 milhões de anos, a do começo do Cambriano, há 517 milhões de anos, a da metade do Cambriano, há 499 milhões de anos, e a da passagem do Cambriano ao Ordoviciano, há 488 milhões de anos. Pare para pensar: houve pelo menos quatro grandes eventos de extinção só nos dois primeiros períodos geológicos com vida multicelular. Naquela época, toda a vida estava restrita à água e, portanto, todas as alterações que geraram essas extinções precisam estar atreladas a algum problema nos oceanos. A causa desses problemas parece estar vinculada a eventos de anóxia, ou seja, queda do nível de oxigênio nos oceanos, talvez agravada por algum evento de mudança brusca de temperatura dos mares ou mesmo algum vulcanismo. Há suspeitas de que dois desses eventos tenham extinguido mais espécies do que algumas das cinco grandes extinções, o que aumentaria para sete o número das grandes extinções em massa. Entretanto, temos registros muito pontuais disso, não havendo informações necessárias para cumprir os três pré-requisitos citados.

Agora você vai entender por que precisamos explicar tanta coisa antes de tocar no assunto principal deste capítulo. Na prática, há apenas duas localidades com boas assembleias fossilíferas cambrianas no mundo, apresentando preservação excelente de partes moles: a área do monte Burgess, no Parque Nacional de Yoho, no Canadá; e Chengjiang, na China. Os demais indícios se restringem a organismos com partes duras, como conchas, exoesqueleto ou esqueletos calcários, bem como rastros indiretos. Você se lembra de quando, no capítulo 2, falamos sobre o porquê de a preservação de fósseis das linhagens de baleias e cavalos ser tão espetacular? De sê-lo basicamente porque os animais eram grandes, tinham ossos grandes, e porque essa evolução aconteceu há menos tempo? Pois bem, os

fósseis do Cambriano são essencialmente o oposto disso: são muito antigos, pequenos e a maioria sem partes duras. Ou seja, é notável que tenhamos algum registro disso em detalhe, porque seria absurdamente improvável dadas as condições que explicamos no capítulo todo para a formação de fósseis. E, mesmo assim, temos fósseis suficientes para saber que houve pelo menos quatro ciclos de substituição de formas de vida entre 542 milhões e 488 milhões de anos.

Isso talvez sirva para elucidar um argumento muito comum relacionado a uma "Explosão Cambriana", tratando-a como evidência de que a Evolução é falsa. Segundo esse pensamento, todos os grandes grupos conhecidos de animais, com as principais estruturas corpóreas que existem hoje, teriam surgido de uma vez só no Cambriano, gerando uma evidência fortíssima contra a ancestralidade comum deles. Quem alimentou profundamente esse argumento — de maneira involuntária — foi o paleontólogo e famoso divulgador científico Stephen Jay Gould (1941-2002), talvez movido pelo maravilhamento ao estudar os fósseis de Burgess (depois ele meio que se arrependeu do tom quase milagroso que usou no seu livro, percebendo que causara mais efeitos negativos do que positivos). É fato que a diversidade aumentou drasticamente no começo do Cambriano, mas ela ocorreu após um evento de extinção anterior e um período com pouco registro fóssil. E isso é exatamente o que se esperaria encontrar, uma vez que esse processo se repete no registro geológico após cada evento de extinção (ainda vamos citar todos aqui).

Além disso, lembremos que, por mais que haja um período geologicamente curto entre a extinção ediacarana e a Explosão Cambriana, ainda é uma faixa de tempo de 2 milhões de anos, no mínimo. E essa explosão está registrada num crescente de diversidade que vai de 540 milhões a 500 milhões de anos atrás. Ou seja, a tal explosão, que na visão dos criacionistas seria a "criação de vida do nada", levou 40 milhões de anos para acontecer. Isso está mais para um bolo assando que para uma explosão. Significa que os animais não surgem do nada, mas vão aparecendo gradualmente durante o Período Cambriano, até culminar com a incrível fauna de Burgess, 505 milhões de anos atrás. Inclusive, pesquisadores como Greg Wray, com estudos de relógio molecular (que se baseiam em genética, usando fósseis para calibrar a antiguidade das linhagens), alegam que a origem dos grandes grupos de animais está no Ediacarano, muito antes do Cambriano, mas que a suposta ausência de vida, na verdade, é devida a um "falso negativo" gerado por condições desfavoráveis à fossilização. Também podemos dizer que esses grupos de animais tinham pouca oportunidade ambiental para se diversificar no Ediacarano, e foi necessária a extinção em massa que ocorreu no final desse período para que essas linhagens conhecidas hoje tivessem espaço para florescer (uma história que se repetirá várias vezes neste capítulo). Seja como for, isso já dá um indício de como a vida quase acabou um monte de vezes mesmo "logo após" ter começado.

O final do Cambriano e o começo do Ordoviciano são marcados — como já explicamos — por um evento de extinção. Mas no final do Ordoviciano ocorre um evento tão amplo que está entre "as grandes cinco". Na verdade, não se trata de apenas um evento de extinção, mas de dois, um no final do Ordoviciano e outro no começo do Siluriano, perfazendo o intervalo entre 455 milhões e 430 milhões de anos atrás. Basicamente, a vida tomou duas porradas consecutivas e, por isso, somados, esses eventos entram para as cinco principais extinções. No quesito "porcentagem de gêneros extintos", elas ficam em segundo lugar, atrás apenas da extinção do Permiano. E, nesse carnaval da vida, no quesito "evolução", ambas empatam com nota dez.

A extinção do limite Ordoviciano-Siluriano detonou principalmente corais, braquiópodes e briozoários (grupo de invertebrados que se alimentam usando um "pente" filtrador), bem como conodontes e trilobitas, sumindo com mais de 50% dos gêneros da época e mais de 85% das espécies conhecidas. O motivo mais provável para esse fenômeno foi um evento de glaciação mundial, concentrado principalmente no hemisfério Sul, talvez parecido com a Era do Gelo recente, que conhecemos dos filmes, e bastante rápido para os padrões geológicos (talvez meio milhão de anos).

Esses eventos de glaciação mundial acabam vindo em pulsos, e sabe-se de pelo menos cinco pulsos de glaciação intensa na passagem do Ordoviciano para o Siluriano, separados por períodos interglaciais. É bom lembrar que as formas de vida da época estavam acostumadas com um calorzinho, o que deu um balde de água fria nas suas vidas (vai ter trocadilho no livro, sim, e se reclamar vai ter mais). Além disso, quanto mais gelo o planeta tem, menos profundos ficam os oceanos, eliminando os ecossistemas de água rasa.

Já no Siluriano, o planeta aqueceu muito rápido, gerando um evento de anóxia nos oceanos e matando formas de vida asfixiadas. Isso pode ter acontecido por causa da morte de organismos fotossintetizantes, por motivos pouco conhecidos. Para finalizar o efeito em cadeia, o tectonismo da época parece ter aumentado a concentração de enxofre na água, o que também matou muitos seres. Milhões de anos se passaram até todos os nichos ecológicos de antes da extinção se restabelecerem, às vezes ocupados por animais dos mesmos grupos de sempre (como trilobitas planctônicos), às vezes por personagens novos, como peixes sem mandíbula e escorpiões marinhos.

A segunda das "grandes cinco" ocorreu no final do Devoniano, na transição da penúltima para a última época (limite Frasniano-Fameniano), entre 375 milhões e 360 milhões de anos atrás. Houve um segundo evento de extinção na transição do Devoniano para o Carbonífero, mas não tão intenso quanto esse anterior. Estima-se que pelo menos metade de todos os gêneros conhecidos tenha desaparecido nessa extinção. Até onde sabemos, essa foi a primeira extinção em massa a ocorrer em um tempo onde já havia vida terrestre. No Devoniano, já existiam florestas ricamente povoadas por insetos, centopeias e aracnídeos. É também no final do Devoniano que surgem os primeiros vertebrados terrestres ou semiaquáticos, ainda de vida anfíbia. Mesmo assim, essa grande extinção do Devoniano, a princípio, parece ter afetado apenas a fauna marinha, que ainda representava o maior volume de vida na época.

As maiores vítimas desse evento foram os animais construtores de recifes, como corais e um grupo de esponjas hoje extinto, chamado

estromatoporoides. Além desses grupos, trilobitas e braquiópodes sofreram também, como sempre, bem como os peixes sem mandíbula, que tinham ocupado nichos deixados vagos na extinção anterior, a do Ordoviciano. Há diversas pistas sobre as possíveis causas dessa extinção, mas não há uma conclusão definitiva ou que possa ser apontada como majoritária. Outro grande evento de anóxia nos oceanos pôde ser detectado, mas sua causa é desconhecida, possivelmente outra mudança brusca de temperatura aliada à mudança do nível dos oceanos. Uma glaciação pode ter ocorrido, como indicam algumas rochas encontradas aqui no Brasil, e a queda de temperatura pode estar vinculada a uma baixa de CO_2 (gás carbônico) atmosférico, talvez justamente por causa do advento das florestas. A lógica, nesse caso, é a seguinte: as florestas poderiam ter absorvido muito gás carbônico ao fazer fotossíntese e, com uma quantidade menor desse gás de efeito estufa – ou seja, que retém o calor trazido pelo Sol perto da superfície terrestre –, o planeta teria esfriado. O começo da formação do supercontinente Pangeia durante o Devoniano também mostra evidências de muito vulcanismo, que pode ser sempre um fator extra, e a hipótese de um impacto de meteorito não está descartada, ainda que não haja evidências para confirmá-la.

Passada essa confusão, após 15 milhões de anos (tempo que não foi suficiente para limpar a bagunça), outra extinção aconteceu na virada do Devoniano para o Carbonífero, não tão relevante em números, mas com impactos importantes para a nossa linhagem, porque praticamente 97% das espécies de vertebrados foram extintas. Foi o fim de quase todos os peixes sem mandíbula e dos primeiros peixes com mandíbula (chamados placodermos), além de quase todos os ancestrais dos vertebrados terrestres, aqueles de vida anfíbia. Durante todo o começo do Carbonífero, praticamente não havia vertebrados (o chamado "hiato de Romer", em homenagem ao paleontólogo americano Alfred Romer) e tudo que é encontrado pertence a animais pequenos, nenhum deles maior do que um metro, sejam tubarões, peixes ósseos ou vertebrados de quatro patas. Essa redução de tamanho possivelmente indica uma resposta a uma limita-

ção energética ambiental, ou seja, menos energia disponível para os vertebrados poderem usar (leia-se menos comida, ecossistemas mais reduzidos etc.). Apenas os pequenos sobreviveram. E ainda bem que conseguiram, porque no futuro eles dariam origem a nós.

Depois disso, a vida no ambiente terrestre prosperou, e um acréscimo dos níveis de oxigênio na atmosfera permitiu um crescimento dos artrópodes, como centopeias e libélulas. Anfíbios gigantes perambulavam pelas costas e pelas margens dos rios. Houve mais algumas extinções relevantes, como, no meio do Carbonífero, há 305 milhões de anos, o chamado "colapso das florestas úmidas". Novamente, múltiplas causas são citadas e a mudança climática é a consequência final, tornando o clima muito seco, encolhendo o tamanho das florestas e facilitando a vida dos primeiros répteis, que podiam se reproduzir sem precisar depositar os ovos em água. Isso também foi decisivo para a redução dos níveis de oxigênio, fazendo os artrópodes diminuírem de tamanho de novo (ainda bem; quem iria querer viver num mundo com baratas de mais de dez centímetros e centopeias com mais de um metro?). Além dessa extinção, houve mais uma, no limite do Carbonífero com o Permiano, até chegarmos à terceira das "grandes cinco", a maior de todas as extinções que a Terra já enfrentou, quando a vida praticamente acabou, depois de bilhões de anos de aventura.

Há 252 milhões de anos, cerca de 94% de todas as formas de vida foram extintas em um intervalo pouco maior que meio milhão de anos. Vários pulsos de extinção consecutivos, seguidos de fracassadas tentativas de recuperação, marcam o registro fóssil do período. A rica fauna do final do Permiano se transforma numa fauna pobre e monótona no começo do Triássico, e a quantidade de famílias de seres vivos presentes antes desse evento de extinção só será restabelecida no meio do Jurássico, mais de 100 milhões de anos depois. Essa extinção não foi uniforme, tendo afetado principalmente o ambiente marinho, onde 96% de todas as formas de vida morreram. No ambiente terrestre, menos rico em diversidade, esse número foi menor, mas ainda assim significativo: 70%.

87 · *Quando a vida quase sumiu*

Há muita especulação sobre as causas de tamanho cataclismo. Uma delas é pouco questionada: a erupção maciça de vulcões onde hoje fica a Sibéria, os chamados "*trapps* siberianos". Cerca de 2 milhões de quilômetros cúbicos de lava basáltica foram expelidos nesse evento, cobrindo uma área de 1,6 milhão de quilômetros quadrados no leste da Rússia, com a lava chegando a espessuras entre 400 metros e 3 mil metros. Isso mesmo que você leu, três quilômetros de profundidade de lava. Claro, não saiu tudo isso ao mesmo tempo, mas o intervalo em que todo esse material foi depositado foi absurdamente curto, do ponto de vista geológico: 200 mil anos, com um pico nos últimos 20 mil. Não se sabe exatamente o que causou essas explosões, mas o impacto de um ou mais asteroides não está descartado (ainda que haja pouca evidência disso), talvez na Austrália ou na Antártida. Também foi no final do Permiano que o supercontinente Pangeia terminou de se formar, e continentes andando costumam perturbar "só um pouquinho" o subsolo.

Sabemos que o oxigênio possui isótopos, e que a proporção desses isótopos pode indicar um clima mais frio ou mais quente. Por meio dos estudos desses isótopos em conchas e outros elementos calcários, sabemos que, na virada do Permiano para o Triássico (Permo-Triássico), a temperatura aumentou mais de seis graus Celsius. É óbvio que esse monte de erupções vulcânicas deve ter contribuído para isso, mas não seria suficiente. Cientistas acreditam que houve um processo de retroalimentação da liberação de gases de efeito estufa na atmosfera, uma espécie de *looping* catastrófico. Primeiro ocorreram as erupções na Sibéria, liberando CO_2. Isso aqueceu o planeta, derretendo calotas polares e liberando uma quantidade enorme de metano e CO_2 aprisionados desde o Carbonífero. Essa liberação de gases de efeito estufa gerou um aumento maior ainda da temperatura, que liberou ainda mais gases presos no fundo oceânico, e isso gerou um efeito em cadeia bem devastador.

Quanto mais quente fica a água, menor é a sua capacidade de dissolver oxigênio. Ou seja, os oceanos entraram novamente em anóxia, matando asfixiada boa parte da vida. Essa matéria orgânica em decomposição no fundo do oceano foi digerida por bactérias anaeróbicas, e esse processo gerou o H_2S, ou sulfeto de hidrogênio, que, por sua vez, é tóxico e dificulta ainda mais a vida de quem conseguiu sobreviver à asfixia. Chuvas ácidas decorrentes das erupções vulcânicas também devem ter matado boa parte dos vegetais terrestres, e o excesso de enxofre na atmosfera, decorrente não apenas das erupções, mas também dos gases liberados pelos oceanos, deve ter tornado o ar muito ruim para respirar. Enfim, um cenário de fim do mundo, e quase chegou lá... mas não chegou.

Da vida oceânica que foi quase extinta podemos listar recifes de coral, lírios-do-mar, braquiópodes e cefalópodes com concha (aparentados a lulas e polvos), além de um sem-número de seres unicelulares com concha calcária. Porém, alguns não tiveram tanta sorte, como as trilobitas, valentes guerreiros que encontraram seu fim nesse evento depois de quase 300 milhões de anos perambulando nos oceanos. As linhagens dos braquiópodes e dos lírios-do-mar, tão comuns no Paleozoico, nunca mais chegaram a se reerguer em número de espécies, permanecendo até hoje com uma diversidade modesta. Em compensação, os moluscos bivalves, que não eram tão diversos, conseguiram se dar bem; estratos do início do Triássico mostram muitas conchas desses moluscos pelo mundo todo, e seu sucesso permanece nos dias de hoje. Em terra seca, sumiram as linhagens de répteis chamados de anápsidos (que eram muito abundantes), e os ancestrais dos mamíferos — nossa linhagem — sofreram um forte impacto também, mas umas poucas famílias sobreviveram (para nossa sorte), bem como os arcossauros, que iriam florescer na era seguinte.

O Triássico testemunhou essa pujança dos arcossauros: surgiram os dinossauros, logo se diversificando em várias famílias, e também várias linhagens de herbívoros e predadores terrestres mais relacionados aos crocodilos, bem como um dos seres mais extraordinários que já habitou o nosso planetinha, um grupo de répteis voadores chamados de pterossauros. Também tiveram sucesso outras formas de animais ancestrais dos mamíferos, e os primeiros mamíferos verdadeiros surgiram no final desse período. Os dinossauros, na verdade, não cresceram muito até o final do Triássico, salvo uma ou outra espécie, basicamente porque os maiores animais terrestres do período eram esses répteis de outras linhagens, que faziam a festa no continentão gigante que permitia que eles zanzassem livremente por aí.

Nos oceanos, há a recuperação dos corais e dos cefalópodes de concha. Surge um grande número de répteis aquáticos, como ictiossauros, plesiossauros e placodontes, bem como as tartarugas. Algumas espécies daqueles anfíbios gigantes que eram abundantes no Carbonífero sobrevivem também, e surgem os primeiros ancestrais de sapos e salamandras.

Até que, no limite do Triássico para o Jurássico, ocorre a quarta extinção das "grandes cinco", aproximadamente 201 milhões de anos atrás, dizimando cerca de 50% da biodiversidade. Nessa etapa, ao invés de seguir se juntando, os continentes voltam a se separar, e o evento de extinção parece ter durado também uns 700 mil anos. Foi o fim de quase todos os grupos de arcossauros que dominaram o período, e alguns grupos sobreviventes tiveram baixas consideráveis, como dinossauros e crocodilos. Foi o fim dos placodontes, e os ictiossauros também sofreram bastante. As linhagens de animais próximas aos mamíferos desapareceram todas, com exceção dos mamíferos em si, e foi quase o fim dos grandes anfíbios.

As causas, como você já deve estar cansado de ler, provavelmente foram uma conjunção de fatores que conduziram à mudança climática, possivelmente a queda de um asteroide a respeito do qual não temos muita informação, erupções vulcânicas e aquecimento do planeta, levando a flutuações no nível dos oceanos e a uma acidificação de suas águas. Um fator relevante foi que o clima ficou mais seco, ocasionando uma substituição da flora, de samambaias para coníferas (parentes dos pinheiros). Curiosamente, porém, as plantas parecem não ter sofrido grandes impactos nesse evento no que tange à perda de diversidade.

Essa extinção abriu espaço para os dinossauros efetivamente dominarem o mundo no Jurássico, dando origem a uma variedade

nunca antes vista em um grupo de vertebrados terrestres, incluindo as aves, que surgem nesse período. Outros grupos que também demonstraram sucesso muito grande foram os pterossauros e os crocodilos.

Depois, houve mais um evento de extinção de menor magnitude na passagem do Jurássico para o Cretáceo, quando determinada fauna de dinossauros foi substituída por outra, mas a soma total de espécies não sofreu nenhuma redução significativa. O mesmo se deu com outros grupos de répteis, como pterossauros. Um grupo de crocodilos totalmente marinhos foi extinto até o final desse evento, bem como os anfíbios gigantes. O Cretáceo também foi palco da proliferação das plantas com flores, o que pode até ter sido um dos motivos para essa troca de fauna do Jurássico para o Cretáceo.

No final desse período, ocorreu a segunda maior extinção que o planeta já viu em termos de sumiço de espécies e famílias, a última das "grandes cinco", aquela que matou todos os dinossauros (não avianos) e já foi assunto de quase todos os veículos de mídia, a não tão antigamente nomeada extinção K-T (Cretáceo-Terciária) e hoje chamada extinção K-P (Cretáceo-Paleógeno). Esse evento de extinção teve lugar há 66 milhões de anos e durou provavelmente 10 mil anos, sendo, portanto, a extinção em massa mais rápida de todas, mas essas estimativas ainda são debatidas. Não apenas os dinossauros não avianos foram extintos, mas também os pterossauros e todos os répteis marinhos (com exceção das tartarugas), bem como os cefalópodes com concha chamados amonites. Outras linhagens tiveram perdas significativas, como quase todas as linhagens de recifes, equinodermos (grupo ao qual pertencem as estrelas-do-mar), moluscos, tubarões e crocodilos.

Na verdade, todos os animais com mais de 25 quilos morreram, indicando que o tamanho foi um fator decisivo entre viver e morrer. Quando isso acontece, como já vimos no caso da extinção do Devoniano, é porque faltou comida ou algum outro recurso, e apenas seres menores conseguiram o suficiente para sobreviver. Há pouca dúvida de que houve a queda de um asteroide de dez quilômetros de diâmetro próximo à península de Iucatã, no México, e de que as datas batem com o evento de extinção, levando a crer que essa foi uma das razões principais para a rapidez com que a aniquilação se deu. A famosa camada de irídio, metal raro na Terra mas comum em asteroides, presente exatamente no limite do K-P, reforça a relevância do impacto.

Houve erupções vulcânicas, como fica evidente estudando as Deccan Traps da Índia, erupções muito parecidas com o que houve no evento do final do Permiano. A sequência de mudanças climáticas, que provavelmente envolveu o encobrimento do céu do planeta todo, por muitos anos, por uma nuvem de poeira, foi devastadora para as plantas e, em consequência, para toda a teia alimentar. Essa extinção terminou de abrir as portas para os mamíferos, os quais, em pouquíssimo tempo (geologicamente falando – entre 10 e 15 milhões anos), dominaram todos os nichos ecológicos e ambientes. Entre os dinossauros sobreviventes, as aves tiveram sua chance e hoje ainda são o grupo mais rico em espécies entre os vertebrados terrestres.

NÃO ADIANTA CHORAR

Agora finalmente entramos na Era Cenozoica, a nossa. Demorou mais de 10 milhões de anos para que os animais voltassem a ter um tamanho considerável. A transição para cada uma das épocas em que o Paleógeno (primeiro período da Era Cenozoica) se divide é marcada por eventos de extinção, que tiveram magnitude menor comparados com os que citamos aqui, com destaque para um particularmente forte cerca de 34 milhões de anos atrás. No que diz respeito a nós, os primatas surgiram há cerca de 64 milhões de anos, a separação da linhagem humana da dos chimpanzés aconteceu há provavelmente 7 milhões de anos, e a nossa espécie apareceu entre 400 mil e 300 mil anos atrás. Nosso tempo de existência é mais curto que a duração de alguns dos eventos de extinção mais violentos da história do planeta, e durante esse período presenciamos o final da última glaciação e o desaparecimento da megafauna associada à Era do Gelo (mamutes, rinocerontes-lanosos, preguiças-gigantes etc.).

Há quem diga que esse evento de extinção pode ter sido causado, ou pelo menos agravado, pelo ser humano há cerca de 10 mil anos, quando teríamos nos tornado um fator de pressão populacional para grandes mamíferos devido à caça. Essa afirmação não é consenso acadêmico, e é possível que a megafauna da Era do Gelo tenha se extinguido apenas pela perda de *habitats* em razão da mudança climática. Porém, existe um fator peculiar nos dias de hoje que está sendo repetidamente observado nos estudos recentes: as taxas de extinção que temos na atualidade estão próximas das dos eventos citados neste capítulo. Ou seja, nos últimos 10 mil anos, as taxas de extinção têm aumentado, e não estabilizado nem diminuído. É perceptível que o ser humano extingue muitas espécies, seja por superexploração, seja por destruição ambiental. Mas será que já podemos falar de responsabilidades aqui?

Bem, temos certeza de que, depois das grandes navegações, aproximadamente quinhentos anos atrás, as taxas de extinção, especialmente em ilhas, dispararam. A modificação de fauna e flora que os europeus promoveram, levando ratos, gatos, carneiros, porcos, vacas, cana, trigo e doenças para literalmente o mundo todo, resultou em baixas irreparáveis na fauna e na flora nos locais que receberam essas espécies não nativas. Em algumas situações, isso beirou a catástrofe ambiental total, como o famoso caso dos coelhos na Austrália, que viraram uma praga e hoje são motivo para o governo australiano premiar quem abater mais deles. Porém, o ritmo se acelerou mesmo nos últimos 150 anos, com o aumento da poluição e a perda de *habitats* naturais em ritmos nunca antes vistos na história da humanidade. Além disso, o surgimento da medicina moderna, baseada em evidências e no método científico, fez a população humana simplesmente quintuplicar, o que requer espaço e comida para toda essa gente, bem como um lugar para depositar todo o lixo que essa galera produz. E não apenas a quantidade de espécies tem diminuído num ritmo frenético, mas as populações das espécies sobreviventes só têm caído.

Evidentemente, é muito difícil quantificar a porcentagem absoluta de espécies que o ser humano extinguiu e compará-la com o total, por um motivo muito simples: o registro fóssil é mais fácil de contar do que a infinidade de lugares que possuem biodiversidade hoje no planeta. O registro fóssil nos dá apenas um panorama muito restrito do que viveu no passado, mas mesmo assim nos permite calcular taxas óbvias de extinção. No caso do mundo atual, temos acesso a 100% da biodiversidade e nem terminamos de catalogá-la ainda. Por isso, não dá ainda para dizer que "perdemos X% das espécies", mas podemos calcular alguns números absolutos, pelo menos aproximados.

De vertebrados terrestres, há uma estimativa de quatrocentas espécies perdidas nos últimos quinhentos anos, mas, se considerarmos plantas, invertebrados e vida marinha, é possível que estejamos perdendo pelo menos duzentas espécies *por ano*. Sem a interferência humana nem alterações bruscas, esse ritmo seria pelo menos mil vezes mais lento, resultando na perda de duas espécies a cada cinco anos. É complicado. Levando em conta que a extinção em massa mais rápida que ocorreu (a do limite K-P) provavelmente demorou 10 mil anos para terminar, mesmo que coloquemos a extinção da megafauna da Era do Gelo na nossa conta, estamos aí há 10 mil anos gerando essa extinção em massa, o que faz com que o ritmo de perda de espécies seja absurdamente rápido em comparação com os eventos de extinção do passado. Mais ainda se considerarmos apenas o ritmo acelerado dos últimos quinhentos anos ou mesmo apenas dos últimos 150 anos.

E há um fator muito relevante para tudo isso. Você deve ter percebido um padrão nas extinções em massa do passado: a causa de todas elas, após algum evento extraordinário (asteroide, vulcanismo etc.), foi a mudança climática, com temperaturas mudando muito bruscamente, causando anóxia ou acidificação dos oceanos, bem como secas e morte de plantas nos continentes.

Hoje, temos causado uma mudança climática bem evidente, que, ainda que seja negada por alguns por questões políticas, não pode ser negada pelos cientistas, independentemente do país onde vivam e em quem eles tenham votado nas últimas eleições.

Graças principalmente à queima de combustíveis fósseis, que liberam CO_2 e, às vezes, metano na atmosfera, a estimativa do IPCC (Painel Intergovernamental de Mudanças Climáticas, do inglês *Intergovernmental Panel on Climate Change*) é que, sendo muito otimista, o planeta aqueça pelo menos dois graus Celsius nos próximos cem anos. Lembre-se de que, na extinção Permo-Triássica, a maior que o planeta já viu, o aquecimento global calculado foi de seis graus Celsius. Já estamos observando a acidificação de oceanos, com morte maciça de corais, bem como o aparecimento de doenças em várias espécies (doenças para as quais um grau de temperatura média faz muita diferença), como é o caso dos anfíbios na América Central ou dos simpáticos antílopes saiga na Ásia. A perda de *habitats* está acelerada, e muitos animais e plantas já estão ocorrendo em latitudes mais frias do que era o habitual um século atrás.

Os seres vivos podem ser agentes de extinção ou de mudanças no planeta. Não nos esqueçamos de que o oxigênio livre na atmosfera — que nos permite viver — só está aí por causa de organismos fotossintetizantes, e o preço para isso foi extinguir em massa todos os organismos para os quais o oxigênio era tóxico. Florestas no Carbonífero possivelmente ajudaram no aumento (e na posterior diminuição, quando desapareceram) dos níveis de oxigênio atmosférico, que permitia a existência de insetos gigantes. Assim, não estamos inovando ao sermos agentes vivos de uma extinção em massa no planeta.

Contudo, a velocidade em que isso está ocorrendo é incomparável no registro histórico. Temos a noção de que, se não fosse pelas extinções do passado, muito provavelmente não estaríamos aqui. A extinção de grupos dominantes deu oportunidade para linhagens secundárias ocuparem lugar de destaque nos ecossistemas. Ou seja, se estamos causando uma extinção em massa hoje, também estamos abrindo espaço para que uma nova espécie domine o mundo no futuro próximo. Mas a questão é que talvez não estejamos dando nem o tempo necessário para essa nova espécie fazer isso. *Pera lá...* parece terrível para você o fim da humanidade por suas próprias mãos? Caso a resposta seja "sim", é melhor começar a tomar alguma atitude. Já ajuda muito não negar a ciência, não espalhar desinformação e cobrar de líderes e políticos posturas mais conscientes. Pensar no futuro dói, mas seus netos com certeza agradecerão.

REFERÊNCIAS

Leituras gerais
BENTON, Michael. *História da vida*. Porto Alegre: L&PM, 2012.
CORDANI, Umberto. Geocronologia: as pesquisas pioneiras da USP que mudaram a geologia do Brasil. In: GOMES, Celso B. (Org.). *Geologia USP*: 50 anos. São Paulo: Edusp, 2007. p. 149-171.
TEIXEIRA, Wilson et al. (Org.). *Decifrando a Terra*. 2. ed. São Paulo: Ed. Nacional, 2008.

Sobre o grande evento de oxigenação do Pré-Cambriano
RASMUSSEN, Birger et al. Reassessing the first appearance of eukaryotes and cyanobacteria. *Nature*, v. 455, p. 1101-1104, 2008.

Trabalho de Greg Wray usando relógio molecular para calcular as datas de origem dos principais grupos de animais
WRAY, Gregory. Molecular clocks and the early evolution of metazoan nervous systems. *Philosophical Transactions of the Royal Society B: Biological Sciences*, v. 370, n. 1684, 2015. Disponível em: http://dx.doi.org/10.1098/rstb.2015.0046. Acesso em: 25 dez. 2018.

Sobre as extinções da metade para o final do Cambriano
HECHT, Jeff. Science: the biggest mass extinction of them all? *New Scientist*, n. 1832, 1992.
ZHURAVLEV, Andrey; WOOD, Rachel. Anoxia as the cause of the mid-Early Cambrian (Botomian) extinction event. *Geology*, v. 24, n. 4, p. 311-314, 1996.

Sobre a extinção do final do Ordoviciano
HARPER, David; HAMMARLUND, Emma; RASMUSSEN, Christian. End Ordovician extinctions: a coincidence of causes. *Gondwana Research*, v. 25, n. 4, p. 1294-1307, 2014.

Sobre a extinção Permo-Triássica
KIDDER, David; WORSLEY, Thomas. Causes and consequences of extreme Permo-Triassic warming to globally equable climate and relation to the Permo-Triassic extinction and recovery. *Palaeogeography, Palaeoclimatology, Palaeoecology*, v. 203, n. 3-4, p. 207-237, 2004.

Sobre a extinção do final do Triássico
DAVIES, Joshua H.F.L. et al. End-Triassic mass extinction started by intrusive CAMP activity. *Nature Communications*, n. 15596, p. 1-8, 2017.
END Triassic Extinction. *Encyclopædia Britannica Online*. Disponível em: https://www.britannica.com/science/end-Triassic-extinction. Acesso em: 25 dez. 2018.
WIGNALL, Paul; BOND, David. The End-Triassic and Early Jurassic mass extinction records in the British Isles. *Proceedings of the Geologists' Association*, v. 119, n. 1, p. 73-84, 2008.

Sobre a extinção Cretáceo-Terciária
RYDER, Graham; FASTOVSKY, David; GARTNER, Stefan (Org.). *The Cretaceous-Tertiary event and other catastrophes in Earth history*. Boulder: The Geological Society of America, 1996. (Special Paper 307).

Sobre a sexta extinção em massa (a causada por nós)
CEBALLOS, Gerardo; EHRLICH, Paul; DIRZO, Rodolfo. Biological annihilation via the ongoing sixth mass extinction signaled by vertebrate population losses and declines. *Proceedings of National Academy of Sciences*, v. 114, n. 30, p. 1-8, 2017.
DIRZO, Rodolfo et al. Defaunation in the Anthropocene. *Science*, v. 345, n. 6195, p. 401-406, 2014.

Capítulo 4
COMO A EVOLUÇÃO ADICIONA INFORMAÇÃO AO GENOMA

Em 2003, um vídeo ficou muito conhecido entre as comunidades de debate sobre Evolução (mantidas principalmente pelos que não acreditam nela). Nele, o célebre biólogo e escritor britânico Richard Dawkins, ferrenho defensor das ideias darwinianas, titubeia e fica olhando para cima ao ser surpreendido pelo seguinte questionamento: "Você pode me dar um exemplo de mutação ou processo evolutivo que tenha acrescentado informações ao genoma?". Após quinze segundos de uma visível cara de estupefação, Dawkins começa a responder. Isso foi propagandeado aos quatro ventos como uma prova de que cientistas não conhecem nem um único exemplo de como uma informação pode ser acrescentada ao genoma por processos evolutivos — e essa é a base primordial para que a Evolução ocorra. Afinal, se a vida começou de forma simples, unicelular e tudo o mais, como a Evolução atuou para adicionar informação ao DNA e, com isso, propiciar o surgimento de estruturas novas até chegar a elefantes, crocodilos e seres humanos? Para esses críticos, se um cientista renomado não sabe responder a esse questionamento, é porque a Evolução não passa de um devaneio.

Como você já deve estar imaginando, não é nada disso. Primeiro porque, como Dawkins explicou depois, não só em palestras mas também em livros, essa situação foi uma emboscada. Ele foi chamado para dar uma entrevista sem imaginar que a interlocutora seria criacionista, o que foi facilmente deduzido pelo teor da pergunta e obviamente tinha sido omitido para a assessoria de Dawkins quando a conversa foi agendada. Acostumado a lidar com pessoas que usam pseudoargumentos ou mesmo critérios subjetivos que nada têm a ver com a argumentação para "refutar" suas ideias (aqueles que usam o famoso livro de Schopenhauer, *Como vencer um debate sem precisar ter razão*, mas de maneira contrária ao propósito do livro), Dawkins, além do susto, precisou pensar bastante antes de responder.

    No final das contas, o esforço de Dawkins foi em vão, porque sua simples demora para responder foi considerada um argumento (mesmo que nitidamente não o fosse), comprovando mais uma vez que o medo de Dawkins não era infundado: iriam distorcer tudo o que ele falasse e, no caso, até o que *não* falasse. A resposta que ele deu em seguida foi sumariamente ignorada na maioria das vezes em que esse vídeo foi compartilhado, obviamente. O ponto que vai nortear este capítulo é que sim, nós conhecemos muitos mecanismos por meio dos quais a Evolução pode acrescentar informação nova ao DNA. E subtrair informação dele também. E mudar a informação. E fazer uma verdadeira salada com o seu DNA, o que fornece muito material para a Evolução "brincar" à vontade (leia-se: para que as mutações ajam de forma a melhor adaptar organismos às pressões seletivas, sejam as do ambiente, sejam as dos parceiros). Basicamente tudo o que sabemos sobre o DNA e a forma como ele passa informações para formar proteínas que irão formar os seres vivos é exatamente o que esperaríamos para que ocorresse um processo evolutivo.

COMO (NÃO) SE FORMA UM RABO

A verdade é que a Evolução aconteceu por um processo de bricolagem, em que a informação antiga não é descartada e as etapas adicionadas depois precisam obrigatoriamente passar pelas etapas antigas na formação de um ser vivo. Isso já é sabido e observado à exaustão em embriologia, o estudo do desenvolvimento dos organismos quando ainda estão no ovo ou na barriga da mamãe. A maior prova de que a vida começou de forma unicelular é que toda forma de vida com mais de uma célula — incluindo você, leitor — precisa recapitular até essa etapa para se formar. Afinal, o Reinaldo, o Pirula, você e todas as pessoas que você conhece um dia foram — ainda que por um tempo muito curto — uma única célula.

Isso é uma consequência direta da informação do DNA, que não consegue fazer as coisas serem montadas prontas; ele passa por etapas exclusivamente moleculares e segue a ordem cumulativa segundo a qual a informação foi sendo acrescentada por bilhões de anos. É por isso que temos a instrução em nosso DNA de que devemos formar um rabo, e temos a instrução de suprimi-lo depois. Uma foi acrescentada sobre a outra. Assim, durante o nosso desenvolvimento embriológico (não só no nosso, mas no desenvolvimento de chimpanzés, gorilas, orangotangos e gibões), um rabo se forma e, depois, é absorvido. Como já explicamos, no capítulo 1, sobre os dedos dos cavalos, existem *atavismos* ligados a isso — quando a supressão do rabo não acontece e o bebê nasce com rudimentos de cauda. Apenas isso já seria uma evidência forte do processo evolutivo, dispensando a necessidade de fósseis intermediários, por exemplo. Afinal, por que raios teríamos em nosso DNA a informação necessária para fazer um rabo e, depois, a informação para removê-lo? Que perda incrível de tempo, energia e nutrientes apenas para fazer essa volta toda e retornar ao mesmo lugar (ou, com o perdão do trocadilho, esse processo de correr atrás do próprio rabo)!

Para você ter noção da inutilidade disso, imagine uma linha de montagem de automóveis com uma etapa em que um guidão de bicicleta seja adicionado ao lado do volante e outra etapa na qual o mesmo guidão seja retirado logo em seguida. Sabe por que isso acontece? Porque foi assim que o DNA aprendeu a fazer. O DNA não tem um professor que aponte para ele e diga: "Olha, ficar formando rabo pra depois tirar é inútil, além de poder dar erro e algumas pessoas acabarem nascendo com rabo. Faz o seguinte:

apaga aí o trecho que manda formar rabo". O que o DNA "aprendeu" a fazer foi formar o rabo, e depois uma nova informação para remover o tal rabo foi adicionada. A informação de "nem formar um rabo" não foi adicionada porque embriões praticamente não sofrem pressão seletiva do ambiente (o mecanismo mais eficiente que conhecemos para eliminar informação inútil). Como o ambiente dentro do ovo ou da barriga da mãe é protegido do ambiente externo, a única seleção natural existente é a pressão ambiental presente no próprio útero ou no ovo. Qualquer mudança de DNA aleatória nessa fase só sobreviverá por mecanismos não seletivos, ou seja, coincidências que eventualmente não inviabilizem a vida do feto. E isso é muito raro, porque, como já vimos, a maior parte das mutações é negativa ou neutra. Se não há pressão seletiva ambiental – ainda mais nessa fase em que estamos falando da construção do indivíduo –, praticamente todas as alterações na "linha de montagem" impedem a vida. Melhor não mexer na sequência.

Esse processo de bricolagem é exatamente o esperado caso os seres vivos tenham surgido por processos evolutivos. Do contrário, a formação seria linear, otimizada e sem etapas inúteis, como uma linha de montagem de automóveis, que foi efetivamente criada por designers inteligentes. Mas, afinal, como explicar o acréscimo de novas informações ao DNA (algo que nitidamente aconteceu, ou não veríamos esse "Escravos de Jó", esse tira e põe maluco que acontece no processo embriológico)? Pois há mecanismos bem simples e absurdamente frequentes que ajudam a responder a essa pergunta.

Antes de continuar, é preciso ressaltar algumas coisinhas: 1) o DNA é formado por quatro bases nitrogenadas: A, T, C e G, sendo que A pareia apenas com T, e C pareia apenas com G; 2) algumas sequências de DNA – ou seja, algumas sequências de letrinhas – possuem informação para formar proteínas que vão realizar reações químicas, que, por sua vez, farão as células funcionarem e formarão os indivíduos. Esses pedaços são chamados de *genes*; 3) há pedaços do DNA que não correspondem a proteína nenhuma; eles compõem entre 98,6% e 98,9% do genoma humano (é isso mesmo, você não leu errado: praticamente 99%). Mas isso não significa que sejam pedaços inúteis, que não fazem nada (voltaremos a esse ponto depois); 4) a troca de apenas uma letrinha num gene pode fazer com que nenhuma proteína se forme (levando esse gene a sair do 1% e se juntar aos 99% que não codificam proteína nenhuma — e deixar de ser um gene), ou o resultado pode ser que esse gene dê instruções para formar uma proteína diferente.

    O mecanismo que é, de longe, o mais comum para gerar acréscimo de informação genética é a chamada *duplicação gênica*. O nome é bastante didático: trechos de DNA copiados em duplicata. Mas como isso acontece? Bem, sabemos do mecanismo de *crossing-over*, ou, em português, *recombinação genética*, que acontece na formação dos óvulos e espermatozoides. Ou seja, seu pai e sua mãe têm metade do material genético dos seus avós. Para você não sair igualzinho ao seu avô, como se sua avó não tivesse participado, ou vice-versa, o material dos seus avós é misturado na formação dos óvulos da sua mãe e dos espermatozoides do seu pai. Isso ocorre durante a meiose, quando todo o material genético é dividido pela metade para que o novo humaninho tenha apenas duas cópias de cada cromossomo, e não quatro. Pois é nessa fase de recombinação que, muitas vezes, ocorre o erro de duplicação gênica. Para que os cromossomos troquem partes de material genético, eles precisam passar por um emparelhamento, e apenas depois que os dois encaixam certinho um no outro é que dá para fazer a troca. Veja a figura da página 31 para refrescar a memória.

    Para quem assistiu a algum filme de astronautas, como *Interestelar*, ou a qualquer episódio de *Star Trek*, fica mais fácil imaginar o emparelhamento do DNA: lembre-se do modo de encaixe dos módulos com a nave-mãe, que sempre precisa ser perfeito, ou então não se pode abrir a comporta que os separa, pois a pressurização não é possível. Para os leitores menos *nerds*, também é possível imaginar aqueles elevadores hidráulicos automotivos existentes em oficinas mecânicas para erguer veículos quando se quer trocar o óleo ou ver se está tudo o.k. na parte de baixo do carro. O carro precisa deslizar exatamente sobre as plataformas do elevador; se ele errar um pouquinho para o lado, cai no buraco. Ou, se o elevador estiver no alto, cai em cima do mecânico. Isso é muito parecido com o processo de emparelhamento do DNA, já que as moléculas que fazem esse trabalho precisam estar bem encaixadas antes de haver a recombinação.

O problema é que, nessa hora, os pedaços de cromossomo que emparelham precisam ser os mesmos dos dois lados, ou seja, cada pedaço de cromossomo tem de se emparelhar com o seu equivalente do mesmo pedaço no cromossomo do lado. É por isso que genes do cromossomo Y costumam ser *conservados*, como dizem os especialistas, a ponto de podermos traçar a ancestralidade masculina da humanidade apenas sequenciando-os: porque o cromossomo Y é tão menor que o cromossomo X que eles não emparelham direito. Na verdade, eles grudam apenas nas pontinhas, o que faz essa junção lembrar uma jogadora de basquete dançando valsa com um anão. Essa ausência de recombinação genética do cromossomo Y é que faz seus genes "flutuarem" muito menos. Mas falaremos disso em breve. O importante agora é você saber que, mesmo quando há cromossomos iguais, às vezes o emparelhamento de determinado trecho se dá com o trecho errado do outro lado. Para entender como isso poderia acontecer, imagine que os cromossomos pareados possuem a mesma sequência de três genes: A, B e C. Numa situação ideal, o gene A deveria estar do lado do gene A, o gene B ao lado do gene B etc. E se um dos cromossomos se deslocar para a frente, de modo que seu gene B acabe se encaixando ao lado do gene A do parceiro? O resultado pode ser o aparecimento de dois novos cromossomos: o A-B-B'-C e o A-C. Ou seja: um dos cromossomos fica com dois trechos iguais e o outro cromossomo fica sem nenhum dos dois. Esse cromossomo que acabou ficando sem nenhuma cópia do tal pedaço sofreu o processo de *deleção gênica*, enquanto seu cromossomo irmão sofreu o processo de *duplicação gênica*. Nesse caso, os dois fenômenos obrigatoriamente ocorrem em conjunto. Há outros acasos possíveis que permitem a duplicação gênica: em vez de acontecer alguma imprecisão quando os cromossomos estão se recombinando, o sistema que faz a cópia tradicional do DNA dentro das células pode dar uma engasgada, produzindo duas versões do mesmo gene em lugar de uma só, como seria o padrão.

Claro, se o pedaço duplicado (ou deletado) for apenas DNA redundante, ou apenas letrinhas sem sentido que não codificam coisa alguma, isso não muda nada. Mas se o trecho trocado tiver um gene ativo, o indivíduo que herdar esse cromossomo com gene duplicado terá uma proteína a mais sendo formada, e quem herdar o outro cromossomo terá uma proteína a menos (mas vamos focar no que ganhar, e não no que perder). Essa proteína provavelmente vai interferir na "linha de montagem" do ser vivo, ou pelo menos nas funções metabólicas dele depois de nascido. Ou seja, nova informação genética foi acrescentada ali. Apenas para citar um exemplo, temos os pigmentos da nossa retina, as chamadas opsinas. Cada tipo de opsina possibilita que enxerguemos uma cor diferente, isto é, permite que a célula da retina, diante do contato com determinado comprimento de onda da luz, seja estimulada e mande essa informação ao cérebro, permitindo o reconhecimento da cor. Nós, humanos, somos tricromáticos, o que significa que temos três tipos de opsinas e podemos ver três cores diferentes (todas as demais cores seriam misturas em proporções dessas três): vermelho (que permite um espectro do amarelo ao verde), verde e azul. Acredite, essas três opsinas conseguem captar todo o espectro de luz que você conhece e *reconhece* como cores. É óbvio que há animais que captam mais do que isso e outros que captam menos. Entre os primatas, apenas humanos, chimpanzés, dois pequenos macacos africanos sem nome popular aqui no Brasil (*Erythrocebus patas* e *Cercopithecus diana*) e os brasileiríssimos bugios (ou macacos gritadores) possuem a tricromacia. Todos os demais são bicromáticos, possuindo apenas dois tipos de opsinas. Após sequenciar o DNA dessas espécies no exato pedaço que sabemos ser responsável pela formação das opsinas, foi descoberto que o acréscimo de opsinas diferentes se deu por duplicação gênica. Ou seja, um ancestral que enxergava apenas duas cores teve essa parte do seu DNA duplicada, o que conferiu a ele três genes para formar opsinas.

Claro que, no começo, esse gene duplicado continuava formando apenas a opsina antiga, mas aí bastou uma mutação genética e *voilà*. Em face da frequência de mutações conhecidas, não foi nada que tenha precisado de muitas gerações para ocorrer, ainda mais porque ocorreram *várias* duplicações nesse gene, não apenas uma. O mais interessante é que o gene duplicado nos bugios está duplicado de forma diferente do que é visto em humanos e chimpanzés, demonstrando um claro caso de evolução convergente. O Projeto Genoma calculou que cerca de 5% do nosso DNA é oriundo de duplicações gênicas recentes de longos trechos.

Outro exemplo muito interessante de como a duplicação gênica pode gerar informação nova é o caso observado na serpente australiana *Tropidechis carinatus*. Essa serpente é aparentada das nossas cobras-corais-verdadeiras e possui um veneno absurdamente potente. Seu veneno não só tem forte efeito neurotóxico, bloqueando sinapses (conexões) nos neurônios da vítima e impedindo que a coitada possa se mover ou pensar, mas contém ainda um potente coagulante, que pode fazer o sangue de uma presa pequena endurecer por completo. É como se o sangue se transformasse numa grande casquinha de machucado dentro das veias e artérias do pobre bichinho que deu o azar de tomar a mordida dessa serpente.

Basicamente, glândulas de veneno de serpentes são glândulas salivares modificadas. A nossa saliva, por exemplo, produz a enzima amilase, que quebra o amido da comida e já inicia o processo digestivo antes mesmo que você engula. Se a glândula salivar das serpentes tiver desenvolvido a capacidade de digerir proteínas, por exemplo, seu efeito já poderá ser letal a outros animais. De fato, serpentes como a nossa jararaca possuem veneno de efeito proteolítico (ou seja, capaz de digerir proteínas). Não é preciso nenhum salto evolutivo muito absurdo para imaginar esse processo. Porém, no caso do fator coagulante do veneno da cobra australiana, é preciso algo mais. Cientistas descobriram, em 2006, sequenciando o DNA dessa serpente, que esse fator vem... do próprio fator de coagulação do sangue da cobra.

Explicamos: a cobra, assim como todos os vertebrados, precisa produzir algum coagulante no sangue para o caso de ela se machucar, formando a casquinha do machucado. Porém, o fenômeno de ativação e desativação gênica impede que esse fator seja gerado nas células da glândula de veneno, porque ele só deve ser produzido no sangue e em caso de ferimento. Qualquer outro lugar ou momento em que esse fator de coagulação fosse ativado resultaria na morte da serpente. Pois bem, houve uma duplicação gênica no trecho de DNA que contém o gene responsável pelo fator de coagulação. Com dois genes para produzir coagulação, um deles começou a sofrer mutações sem o perigo de causar prejuízos para a vida do animal, e sua ativação na saliva da cobra fez com que esse fator fosse capaz de coagular o sangue das vítimas.

BACTÉRIAS MUTANTES

O leitor mais cético ainda pode estar vociferando sobre a impossibilidade de se comparar a adição de um gene formando uma proteína à formação de um genoma inteiro saindo de uma bactéria até chegar ao ser humano. E o leitor está certinho: há um salto muito grande de um para outro, ainda que, pelo que já demonstramos neste livro, tenha havido tempo suficiente para tal feito. Mas a genética contou com seus atalhos para acelerar esse processo. Estamos acostumados a ver tudo sob a ótica humana, pois somos animais dioicos (ou seja, com dois sexos) e cheios de tecidos especializados que podem não funcionar direito se algo diferente acontecer. De fato, no nosso caso, mudanças bruscas no DNA geralmente dão caca.

Mas imagine um ser muito mais simples, lá nos oceanos do Pré-Cambriano. Ele pode ser unicelular ou pluricelular com pouca especialização de tecidos, não importa muito. No caso, nosso ser antigo pode se reproduzir por divisão, não necessitando obrigatoriamente do intercurso sexual (o famoso "o que vier tá valendo" ou "se rolar reprodução sexuada, beleza; se não rolar, eu dou meus pulos"). Já explicamos que o processo de meiose é o que divide o material genético no meio para que a próxima geração não tenha material duplicado.

Mas, em biologia, sempre existe espaço para erros. Digamos que o processo de meiose falhe, ou seja, que o gameta produzido contenha um material genético duplicado. Bom, se esse gameta se juntar a um gameta normal, o indivíduo formado terá três cópias do DNA inteiro. E se esse gameta duplicado se juntar a outro gameta duplicado (o que pode ocorrer no mesmo indivíduo, a chamada autofecundação), então temos um indivíduo com quatro cópias do mesmo material.

Novamente os mais céticos dirão: "Aff, agora vocês dois passaram dos limites! Querem que eu acredite numa coisa dessas, o DNA inteiro duplicado?". Pois é, a natureza pode ser inacreditável às vezes. Mas, pensando bem, esse procedimento nem requer tanta imaginação assim. Na verdade, o vemos ocorrer com frequência bem na nossa frente: plantas fazem isso o tempo todo. Levando em conta que cada planta produz, em geral, milhões de gametas, e que um número considerável de espécies de plantas consegue fazer autofecundação, a chance de surgir uma espécie efetivamente nova é bastante alta — já explicaremos isso melhor.

Esse fenômeno de ter mais cópias do DNA inteiro do que o normal é chamado de *poliploidia*. Estima-se que entre 25% e 70% de toda a diversidade conhecida de plantas com flores tenha se originado de pelo menos um evento poliploide. E mais: a maior parte das plantas que nós cultivamos para alimentação, o que geralmente envolve seleção artificial e mesmo hibridização entre espécies próximas, possui várias e várias cópias do seu próprio DNA em suas células: trigo, algodão, repolho, morango e banana são alguns exemplos. Nesses casos, muitas vezes o indivíduo resultante é estéril, e por isso mesmo precisa que um humano se dê ao trabalho de cortar um pedaço dele e plantar uma nova muda.

É justamente essa capacidade incrível de regeneração das plantas que faz poliploidias — na maior parte das vezes — não resultarem em aberrações ou indivíduos inviáveis. Já em animais, as poliploidias são mais raras, mas ainda assim acontecem, como em algumas espécies de insetos, vermes, peixes e lagartos. Não por coincidência, essas são precisamente as espécies que em geral con-

seguem se reproduzir de forma assexuada. Até 2017, acreditava-se que pelo menos uma espécie de mamífero, chamada *Tympanoctomys barrerae*, um roedor argentino bastante fofucho, fosse poliploide. Desde 2005, no entanto, já havia suspeitas de uma não poliploidia nesse animal, que se confirmou em estudos recentes mais detalhados. A confusão é compreensível: trata-se do mamífero com o genoma mais longo de que se tem notícia. De todo modo, um estudo recente sugeriu que os vertebrados podem ter surgido por um evento de poliploidia, mais exatamente em sequência, gerando oito vezes a quantidade de material genético original. Isso pode ter sido fundamental no padrão de repetição que formou as vértebras e os músculos segmentados típicos dos vertebrados.

Aí o leitor pode estar se perguntando: "Tudo muito bem, tudo muito bonito, mas no que esse monte de DNA a mais contribui pra gerar novas informações?". Bom, tendo visto o caso das opsinas e o das poliploidias, já temos uma noção de como as coisas acontecem. Vamos então voltar para a etapa de recombinação gênica. Um pedaço do DNA que não codifica nada emparelha, troca material com o seu cromossomo irmão, mas continua não codificando porcaria nenhuma. Porém, o material genético está ali, se embaralhando um pouco por vez a cada geração. Imagine então uma série de gerações; umas trinta, por exemplo. Hoje, as mulheres estão tendo filhos mais tarde, mas, durante quase toda a história da humanidade, as fêmeas da espécie humana tiveram o primeiro filho entre os 13 e os 17 anos de idade. Então, sem medo de errar muito, podemos dizer que, historicamente, o intervalo *médio* entre duas gerações humanas é coisa de quinze anos. Tendo isso como base, trinta gerações humanas são o equivalente a 450 anos.

Esse tempo pode ser muito para nossas vidas, mas é pouco em escalas evolutivas. A probabilidade de apenas uma letrinha ser alterada em qualquer trecho de DNA, codificante ou não, é altíssima. Na verdade, temos uma estimativa para esse número: em torno de 130 mutações por geração. Nosso DNA está sofrendo mutações o tempo todo, mas, quando elas ocorrem em células somáticas, isto é, não reprodutivas, não as passamos adiante. Na melhor das hipóteses, nosso sistema imunológico irá eliminá-las. Na pior das hipóteses, elas formarão um tumor. Na pior das piores hipóteses, será um tumor maligno (câncer). Contudo, essas 130 mutações que citamos são apenas as que ocorrem durante a formação dos gametas! Sendo assim, em trinta gerações, temos 3.900 mutações no DNA, que podem ser pontuais (envolvendo uma única letrinha) ou em trechos maiores. Um pedaço de DNA duplicado, portanto, tem espaço e oportunidade de sobra para que uma letrinha alterada leve o gene a produzir uma nova proteína ou a transformar um pedaço de DNA não codificante em um gene real. As análises combinatórias possíveis para formar informação nova são grandes. E olha que somos uma espécie de ciclo longo de vida. Imagine uma espécie em que uma geração nova surja a cada três anos. Um ano. Dois meses. Dez minutos.

Um ótimo exemplo disso é o célebre experimento do cientista Richard Lenski, da Universidade de Michigan. Lenski produziu mais de 50 mil gerações de bactérias da espécie *Escherichia coli* (muito comum em nosso intestino e que se reproduz primordialmente de forma assexuada), todas catalogadas, devidamente congeladas depois de algum tempo e guardadas em ordem para facilitar sua localização quando necessário. Em 2018, o experimento completou 30 anos de existência, formando a mais longa cadeia de gerações com todos os intermediários conhecida para qualquer forma de ser vivo. Claro, trabalhar com bactérias facilita essa possibilidade porque elas se reproduzem com muita rapidez, praticamente a cada dez minutos — ainda que demore um tempinho a mais (algumas horas) para que *toda* a população de bactérias em uma placa de Petri, num laboratório, seja totalmente trocada por uma nova geração. Mais do que deixá-las se reproduzir, Lenski e seus colaboradores criaram pressões seletivas ambientais diferentes em populações propositalmente divididas, mudando o meio em que eram colocadas as bactérias em suas placas de Petri e em seus tubos de ensaio. Um exemplo de mutação de apenas uma

troca de letra que descobriram foi o da substituição de um A para um T em um trecho do DNA. Nesse caso, a troca gerou maior velocidade de reprodução. Em menos de um ano, havia apenas bactérias com esse tipo de mutação na placa de Petri, o que levou a população anterior a ser aniquilada por falta de espaço e alimentos. Ou seja, uma informação nova foi gerada com apenas uma troca de base nitrogenada. E não só isso: foi selecionada positivamente pelo ambiente e se fixou no genoma da população.

Ainda que Lenski tenha relatado dezenas dessas mutações ao longo dos trinta anos de pesquisa, muitos podem argumentar que as bactérias continuaram sendo *Escherichia coli*, ou seja, a mesma espécie. Isso é questionável em alguns aspectos, porque é muito difícil determinar o que é uma espécie quando falamos de organismos unicelulares, ainda mais procariontes. Apenas mudanças genéticas podem dizê-lo, e é difícil estipular critérios para isso. Sendo assim, é plenamente possível chamar as novas variedades desenvolvidas por Lenski de espécies novas (já falaremos mais sobre algo nesse nível). Mas, caso o leitor esteja achando esse exemplo muito fraquinho, podemos citar a bactéria *Flavobacterium*, que desenvolveu uma mutação descoberta em 1977 por cientistas japoneses. Com essa alteração genética, esse pequenino ser passou a ter a capacidade de digerir nada mais nada menos que *nylon*. O *nylon* é uma fibra sintética criada na década de 1930 pela empresa química DuPont e usada para confeccionar roupas de frio, devido à sua impermeabilidade, sendo um material muito conhecido da população em geral. A mutação que gerou nessa bactéria a capacidade de digerir *nylon*, portanto, só pode ter surgido entre a década de 1930 e a sua descoberta, em 1977. Hoje, sabemos que essa mutação foi gerada por uma duplicação gênica seguida de algumas mutações em grupo no gene duplicado. Ela inclusive já foi induzida e reproduzida em laboratório em outros gêneros de bactérias. Independentemente da subjetividade que há em denominar espécies de bactérias, não dá para ignorar que um novo nicho de sobrevivência se abre com a capacidade de se alimentar de algo totalmente novo e de viver em um ambiente diferente. Isso pode ser suficiente para denominar uma espécie nova de inseto ou de anfíbio, por exemplo.

Outro mecanismo muito interessante é o chamado *transferência horizontal* de genes. Como o nome sugere, trata-se da transferência de genes diretamente de um indivíduo para outro que não seja de pai e mãe para filho. Seria como se seu amigo pudesse lhe passar um gene apenas encostando em você. Claro que não acontece assim (seria curioso e talvez terrível se pudéssemos fazer isso). Mas seres unicelulares conseguem, seja por meio da própria reprodução sexuada em bactérias (a chamada conjugação) — em que pedaços de DNA são trocados num tipo de escambo genético por dois indivíduos –, seja por meio de vírus. Alguns vírus parasitam bactérias e conseguem, no processo, "roubar" algumas sequências do DNA bacteriano para, numa nova infecção, introduzir esse trecho de DNA em outro indivíduo de bactéria. Por mais que esses mecanismos de transferência horizontal de genes ocorram na maioria esmagadora das vezes em bactérias, há registros desse processo em eucariotos, como protozoários, e mesmo entre bactérias e fungos, bactérias e plantas, bactérias e animais e entre todos esses vírus. Isso ocorre principalmente por contato parasitário, sobretudo quando a reprodução do parasita se dá dentro do hospedeiro.

Mas a transferência horizontal também pode ocorrer com vírus como intermediários. Por exemplo, digamos que porcos possuam determinada gripe viral e que esses vírus tenham captado parte do DNA do porco para si. Uma vez que eles infectem humanos, podem introduzir esse DNA do porco no novo hospedeiro, assim como fazem com bactérias. Um estudo chegou a calcular que de 40 a 100 dos nossos 20 mil genes, pelo menos, poderiam ser de outras espécies próximas (porcos, galinhas, vacas, moscas, ratos, bactérias etc.) e que teriam sido transferidos por meio de vírus para nós. Mas o mesmo estudo sugere que é mais plausível estatisticamente que essas sequências parecidas sejam mera coincidência. Assim, a possibilidade de que sejamos naturalmente transgênicos existe, mas ainda não foi comprovada.

A GAMBIARRA DA LARANJA

Talvez o detalhe mais interessante dessa história toda de informações adicionadas ou removidas no DNA sejam os "fósseis genéticos", quer dizer, resquícios de genes antigos presentes no genoma. Hoje, eles já não codificam mais as instruções que originalmente continham e fazem funções menores, ou simplesmente ficam lá, largados, ocupando espaço. O termo formal que usamos para nos referir a esses ex-genes é *pseudogenes*. Basta uma troca de letra do código original que faça a proteína não mais conseguir ser formada e o gene automaticamente se transforma num pseudogene. O primeiro pseudogene conhecido foi descrito em uma rã africana em 1977. Desde então, milhares têm sido encontrados nos genomas de animais, plantas e bactérias, ou seja, em praticamente todos os seres vivos. Apenas em humanos, calcula-se que a quantidade de pseudogenes seja equivalente à de genes ativos, isto é, na casa dos 20 mil. Talvez fique mais fácil entender usando um exemplo real. O mais famoso de todos é o gene GULO.

A necessidade de consumir vitamina C é lembrada a todos nós diariamente em comerciais de TV e nas farmácias. Na verdade, a maior parte dessas propagandas se baseia numa lenda de que a vitamina C previne ou cura gripes e resfriados, quando não há nenhuma evidência que sustente isso. O ácido ascórbico (o nome real da vitamina C) é extremamente importante em algumas funções de reparação de tecidos e produção de colágeno, além de ser fundamental como antioxidante e na produção de certos neurotransmissores. A ausência de vitamina C não causa gripe, mas gera uma doença que hoje é difícil de se ver por aí, o chamado escorbuto, também conhecido como "mal do marinheiro" ou "peste do mar". Essa doença tem esses apelidos porque acometia marujos que encaravam longas viagens na época das grandes navegações, privados de frutas que geralmente possuem vitamina C. Sem o efeito reparador dessa vitamina, a cicatrização fica difícil, as mucosas começam a sangrar e perder sustentação (o que faz os dentes caírem, por exemplo) e, além disso, o indivíduo sente dores no corpo e cansaço. Ou seja, humanos

precisam ingerir ácido ascórbico o tempo todo. Porém, a coisa fica mais interessante quando se leva em conta que praticamente todos os mamíferos possuem um gene que faz o corpo produzir vitamina C sozinho, sem necessidade de ingeri-la na alimentação, exceto alguns primatas, morcegos frugívoros (que comem frutas) e o porquinho-da-índia. Por que razão essa informação tão relevante do nosso DNA teria sido perdida nessas espécies?

Primeiro, vamos explicar por que o gene de produção de vitamina C em mamíferos perdeu a função. Esse gene, o tal do GULO (porque produz a enzima L-gulono-gamma-lactone oxidase), possui uma letrinha do DNA trocada nos primatas, o que o inutiliza. Já em morcegos e porquinhos-da-índia, as mutações ocorreram em outros lugares do mesmo gene. Isso gera novas perguntas: por que a mutação desse gene é igual em todos os primatas, mas ocorre em lugares distintos nas demais espécies de mamíferos que possuem o gene desativado? Qual é a explicação mais parcimoniosa? A mutação foi originalmente gerada em um ancestral em comum dos primatas e ocorreu de maneiras diferentes nos ancestrais das demais espécies ou deveu-se a caprichos aleatórios de uma criação independente? Vamos entender como isso ocorreu à luz da Evolução.

Apenas uma mudança no código genético, uma única letra trocada, foi suficiente para que o gene da vitamina C virasse o pseudogene da vitamina C, que em nós é chamado de GULOP (o *p* é de "pseudo"). Faz bastante sentido que essa incapacidade de produzir tal vitamina ocorra exatamente em linhagens que se alimentam muito de frutas ricas em ácido ascórbico. Ou seja, como a vitamina C é fundamental para a sobrevivência de todo mamífero, todo indivíduo que nasce com alguma mutação nesse gene, ficando incapaz de produzir essa vitamina, morre em decorrência de complicações de cicatrização e perda dos dentes. Sementes, carne (exceto fígado) e vegetais folhosos são alimentos pobres em vitamina C. Esse conjunto de fatores, em dinâmica populacional, é chamado de pressão seletiva ambiental, visto que o ambiente não permite a sobrevivência de determinado traço. Porém, os grupos de mamíferos que faziam das frutas sua principal fonte de alimentação não só produziam originalmente o ácido ascórbico em seu próprio corpo como ingeriam grandes quantidades na comida. Quando alguma mutação envolvendo esse gene acontecia, impedindo o corpo desses indivíduos de produzir a vitamina... nada acontecia, porque eles compensavam essa deficiência simplesmente comendo. A pressão seletiva do ambiente foi desfeita e essa mutação foi passada para a próxima geração sem prejuízo aos portadores. Assim, em poucas gerações, toda a população passou a ser mutante para esse pseudogene, característica que seus descendentes acabaram recebendo de herança. Parabéns, descendente, você é obrigado a chupar laranjas ou pastilhinhas hoje graças a esse nosso ancestral.

O fato é que só podemos contar essa história hoje porque o "fóssil" do gene GULO ainda está em nosso DNA. Como esse gene não codifica mais nenhuma proteína, ele está "livre" para sofrer mutações sem qualquer pressão ambiental, o que pode fazer com que ele seja reativado no futuro ou até que sofra mutações que voltem a lhe conferir a capacidade de codificar proteínas (ainda que, estatisticamente, o mais provável seja que continue sendo um pedaço que não codifica nada). Mesmo que seja raro, há mais chance de um gene ou um ex-gene sofrer uma mutação e ganhar informação nova (como no exemplo das opsinas) do que de um pedaço aleatório de DNA acabar formando um gene novo. Mas só precisa acontecer uma vez, e oportunidade e tempo não faltaram na história do planeta. Há outros exemplos de pseudogenes no DNA humano, como uma série de códigos relacionados a receptores olfatórios, uma vez que a linhagem de primatas à qual pertencemos acabou priorizando a visão em detrimento do olfato.

Muitos pseudogenes, efetivamente, apenas ocupam espaço no DNA. Contudo, quando acontece de um pseudogene produzir informação nova, os críticos da Evolução bradam aos quatro ventos que as previsões estavam erradas, porque, se esse trecho produz algo, é porque é útil, e não um pedaço desfeito de outro gene. Na verdade, esse tipo de alegação se deve geralmente ao fato de esses críticos não terem entendido as previsões. Como o nobre leitor já deve ter percebido, não só o pseudogene não é um indício de falha na teoria como é inclusive uma das possibilidades preditas que se cumpriu e da qual só tivemos conhecimento depois que aprendemos a vasculhar o DNA, coisa que Darwin nem sonhava em fazer na época da rainha Vitória. Também pode ser um ótimo exemplo de *exaptação*: quando uma estrutura que evoluiu com determinada função vira uma "gambiarra" evolutiva de sucesso, sendo usada para funções diferentes.

Um exemplo do papel que muitos pseudogenes executam é regular outros genes funcionais. Ou seja, apesar de não conseguir gerar nenhuma proteína, o pseudogene ainda consegue codificar algum RNA, que será útil na transcrição de proteínas geradas por genes ativos — tem de ter havido alguma pressão seletiva para que esses pseudogenes tenham se mantido trabalhando em funções secundárias que ainda eram capazes de realizar. Por outro lado, algumas pesquisas encontram atividade de pseudogenes em certas células tumorais, enquanto em células normais eles estão inativos. Isso pode significar que esses pseudogenes contribuem com o câncer ou que são ativados como um mecanismo de defesa para controlar o crescimento do tumor. Se esses pseudogenes são heróis ou vilões, apenas a ciência e o tempo dirão.

É interessante observar que, muitas vezes, a quantidade de genes codificadores não muda muito de espécies simples para espécies mais complexas. Nós, humanos, temos o mesmo número de genes ativos que certas bactérias. No entanto, as porções de DNA que não codificam proteínas mudam bastante, sendo usualmente mais longas em espécies mais complexas (frisamos o "usualmente" porque há importantes exceções). Quase metade do nosso DNA é o que chamamos de *sequências altamente repetitivas*, ou seja, longas sequências de nucleotídeos correspondentes à mesma letra do DNA. Como já dissemos, as quatro bases nitrogenadas podem ser representadas por A, T, C e G. Essas sequências de DNA são longas cadeias de C ou longas sequências repetidas de G, ou então são cadeias de repetições de dois nucleotídeos (exemplo: ACACACACAC) ou de três deles (GACGACGACGACGAC),

ou até alguma sequência mais complexa, mas que não significa nada em termos de informação genética (ATTCGATTCGATTCG).

Também há longas fitas de código genético repetitivo nas pontas dos cromossomos (chamadas *telômeros*), e isso vale inclusive para vírus, que costumam ter material genético bem curto. Esse mesmo material ainda é repetido no "meio" dos cromossomos, numa área chamada *centrômero*. Muitos já devem ter visto representações de cromossomos em forma de X. Pois bem, o centrômero é a área do meio, onde as duas "perninhas" do X se cruzam. Não se sabe exatamente por que ocupar tanto espaço com DNA que não codifica e, até onde se sabe, nem regula nada (como fazem certos pseudogenes). Até pouco tempo, esses trechos eram chamados de "DNA lixo". Hoje, os cientistas são um pouco mais elogiosos com todo esse amontoado de bases nitrogenadas, até porque se descobriu que elas são muito úteis em testes de paternidade e ancestralidade. Porém, essa "utilidade" para testes de paternidade não serve de nada quanto a garantir a sobrevivência do indivíduo, portanto não pode ser uma resposta ao questionamento de por que há tanto DNA que tecnicamente não faz nada no genoma das espécies.

Para tentar explicar isso, há muitas hipóteses. A primeira delas é que os trechos repetitivos das pontas dos cromossomos são como os nós que são dados nos pontos finais do crochê, por exemplo, para que não seja possível desfiar tudo depois. Em outras palavras, seriam pontas com material propositalmente inútil que pode ser perdido, uma vez que, a cada pareamento e posterior duplicação, quando o DNA precisa ser enovelado e desenovelado, um trecho das pontas sempre se perde. Isso seria uma maneira de aumentar a vida útil do genoma presente nos núcleos de nossas células (inclusive, é no estudo dos telômeros que muitos cientistas buscam um jeito de combater o envelhecimento). Por outro lado, grandes pedaços de DNA altamente repetitivo no meio dos cromossomos (inclusive nos centrômeros) poderiam ser um indicativo de que, no passado, aqueles eram dois cromossomos que se fusionaram durante o percurso evolutivo.

Um exemplo bem conhecido disso aparece quando comparamos os nossos cromossomos com os dos chimpanzés. Nossos primos chimpas possuem um cromossomo a mais, o que não seria esperado de uma espécie tão próxima. Porém, esse cromossomo extra apresenta um dos lados do "X" muito curto, e o cromossomo deles que seria o equivalente ao nosso segundo cromossomo também tem essas perninhas curtas, ao contrário do nosso. O sequenciamento total das duas espécies revelou que, na verdade, aconteceu conosco o seguinte: os dois cromossomos de bracinhos curtos dos chimpanzés foram fusionados na nossa linhagem, formando um cromossomão com quatro perninhas bem compridas (o nosso cromossomo 2). Uma das evidências desse processo é que encontramos não uma, mas duas áreas de DNA altamente repetitivo no meio do nosso cromossomo 2, que são equivalentes aos dois centrômeros dos cromossomos que no chimpanzé são separados. Será então que, no passado, nossos ancestrais tinham inúmeros cromossomos, todos com duas pontas cheias de DNA repetitivo, que, com o passar do tempo, foram se fusionando, e essas sequências prolixas são resquícios de sua individualidade hoje perdida?

Outra explicação possível é que essas sequências de DNA redundante estão lá simplesmente porque... porque sim. Ácidos nucleicos, sejam de ribose (RNA) ou de desoxirribose (DNA), são moléculas sem vontade própria: se lhes forem dadas as condições apropriadas (como a presença de um coquetel de enzimas ao lado delas), tais moléculas simplesmente se replicam. Se colocarmos trechos de DNA dentro de um tubo de ensaio onde houver a matéria-prima disponível e as tais enzimas, entre outras condições não muito exigentes, esse DNA vai se reproduzir sem interferência humana. Fazemos isso há décadas num procedimento chamado PCR.

Ou seja, não há por que imaginar que todo o material genético presente no núcleo das células exista por algum motivo específico. Para que a Evolução funcione, devemos, sim, imaginar que ele não *atrapalhe*, mas não precisa necessariamente ajudar em alguma coisa. Por vezes, os cientistas chamam o DNA que "não serve para nada", que está lá apenas por sua incrível capacidade de ser replicado nas condições adequadas, de "DNA parasita". Mas a verdade é que esse monte de material disponível, em milhões de anos, acaba por se transformar em matéria-prima para novos genes, que gerarão nova informação.

Uma evidência disso é exatamente o fato, já citado, de muito desse material redundante de DNA ser utilizado como prova em exames de paternidade. Isso se deve a uma razão muito simples: não há pressão seletiva para que esse DNA se mantenha inalterado (lembra-se do caso da vitamina C?), porque esse material não codifica nada de imprescindível. Isso significa que as mutações que ele sofre ao longo do tempo são fortuitas e se mantêm por um tempo na história das gerações, até alguma nova mutação acontecer. Em repetidas recombinações genéticas, essas alterações que não fedem nem cheiram acabam sendo exclusivas dos descendentes do indivíduo que sofreu a mutação. Assim, podemos rastrear a ancestralidade dos grupos justamente quando as mutações presentes são idênticas, porque os eventos são tão aleatórios e existem tantas possibilidades de mutação que a probabilidade de dois indivíduos terem as mesmas mutações nos mesmos lugares do DNA sem ser aparentados tende a zero. É por isso que exames de paternidade costumam ser tão acurados. Mesmo com um N amostral de quase 8 bilhões de pessoas, dificilmente duas pessoas não diretamente aparentadas terão as mesmas mutações exatamente nos mesmos lugares num trecho de DNA em que essas mudanças não fazem a menor diferença para a vida do indivíduo. É também por isso que podemos confiar quando geneticistas dizem que nossos primos vivos mais próximos são os chimpanzés, pelas mesmas ferramentas e pelos mesmos princípios que fazem a genética apontar que determinado homem é o pai de um bebê em algum programa sensacionalista de televisão.

Em suma, o DNA se replica muito e, por mais que tenha mecanismos de reparação, exatamente o fato de esses mecanismos não serem perfeitos é que gera a base para a evolução que permitiu aos seres unicelulares virarem elefantes. Assim, precisamos agradecer imensamente ao erro de cópias genéticas, caso contrário não estaríamos

HOMOLOGIA GENÉTICA DO CROMOSSOMO 2 EM HUMANOS E CHIMPANZÉS

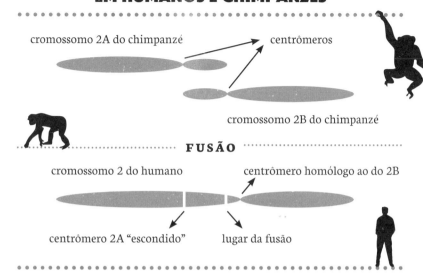

aqui (ainda que, de vez em quando, esses mesmos erros possam ser indesejados, como no caso de algum câncer). Duplicações gênicas, recombinações, transmissão horizontal e exaptação de pseudogenes, entre outros processos que não citamos aqui, são todos mecanismos que possibilitam que o DNA seja capaz de gerar informação nova, resultando em alterações físicas e comportamentais nos indivíduos e nas populações, dando matéria-prima para a Evolução trabalhar dependendo das pressões seletivas ambientais. Todos esses mecanismos são hoje bem conhecidos, e mais e mais exemplos de cada um deles são descobertos todos os anos.

É até bastante comum mutações fazerem surgir informação nova no DNA, dado o número de gerações necessário para tal feito. Isso, atrelado ao processo perpétuo de bricolagem em estruturas geradas por informações antigas, que é algo característico da Evolução, monta o cenário que propiciou a biodiversidade da forma como a conhecemos hoje. A situação constrangedora pela qual Dawkins passou, então, pode servir de lição para que tenhamos sempre na ponta da língua os exemplos necessários para responder a algum inquiridor mais desonesto, ainda mais se for um desses que usam até uma coçada no olho para justificar alguma coisa, como se isso fosse um argumento contra ou a favor.

REFERÊNCIAS

Sobre a quantidade de genes no genoma dos seres humanos
POWLEDGE, Tabitha. How much of human DNA is doing something? *Genetic Literacy Project*, 2014. Disponível em: https://geneticliteracyproject.org/2014/08/05/how-much-of-human-dna-is-doing-something/. Acesso em: 23 jul. 2018.
RANDS, Chris et al. 8.2% of the human genome is constrained: variation in rates of turnover across functional element classes in the human lineage. *PLoS Genetics*, v. 10, n. 7, 2014. Disponível em: https://doi.org/10.1371/journal.pgen.1004525. Acesso em: 25 dez. 2018.

Sobre a origem das opsinas em humanos
DULAI, Kanwaljit et al. The evolution of trichromatic color vision by opsin gene duplication in New World and Old World primates. *Genome Research*, v. 9, n. 7, p. 629-638, 1999.

Sobre a origem do veneno das serpentes
JACKSON, Kate. The evolution of venom-delivery systems in snakes. *Zoological Journal of the Linnean Society*, v. 137, n. 3, p. 337-354, 2003.
KARDONG, Kenneth. The evolution of the venom apparatus in snakes from colubrids to viperids & elapids. *Memórias do Instituto Butantan*, v. 46, p. 105-118, 1982.
REZA, Md Abu; SWARUP, Sanjay; KINI, Ramachandra. Structure of two genes encoding parallel prothrombin activators in *Tropidechis carinatus* snake: gene duplication and recruitment of *factor X* gene to the venom gland. *Journal of Thrombosis and Haemostasis*, v. 5, n. 1, p. 117-126, 2006.

Sobre a duplicação na origem dos vertebrados
DEHAL, Paramvir; BOORE, Jeffrey. Two rounds of whole genome duplication in the ancestral vertebrate. *PLoS Biology*, v. 3, n. 10, 2005. Disponível em: https://doi.org/10.1371/journal.pbio.0030314. Acesso em: 25 dez. 2018.

Sobre o roedor que não era poliploide, mas todos achavam que era
EVANS, Ben et al. Evolution of the largest mammalian genome. *Genome Biology and Evolution*, v. 9, n. 6, p. 1711-1724, 2017.
SVARTMAN, Marta; STONE, Gary; STANYON, Roscoe. Molecular cytogenetics discards polyploidy in mammals. *Genomics*, v. 85, n. 4, p. 425-430, 2005.

Sobre a estimativa de frequência de mutações em humanos
MORAN, Larry. Estimating the human mutation rate: direct method. *Sandwalk*, 2013. Disponível em: http://sandwalk.blogspot.com/2013/03/estimating-human-mutation-rate-direct.html. Acesso em: 23 jul. 2018.

Sobre o experimento de Lenski
LENSKI, Richard. Phenotypic and genomic evolution during a 20,000 – generation experiment with the bacterium *Escherichia coli*. In: JANICK, Jules (Org.). *Plant Breeding Reviews*. Nova Jersey: John Wiley & Sons, 2003. p. 225-265. (v. 24, Part 2: Long-term selection: crops, animals, and bacteria).
PHILIPPE, Nadège et al. Evolution of penicillin-binding protein 2 concentration and cell shape during a long-term experiment with *Escherichia coli*. *Journal of Bacteriology*, v. 191, n. 3, p. 909-921, 2009.

Sobre a bactéria que digere *nylon*
LE PAGE, Michael. Five classic examples of gene evolution. *New Scientist*, 2009. Disponível em: https://www.newscientist.com/article/dn16834-five-classic-examples-of-gene-evolution/. Acesso em: 23 jul. 2018.
OHNO, Susumu. Birth of a unique enzyme from an alternative reading frame of the preexisted, internally repetitious coding sequence. *Proceedings of the National Academy of Sciences*, v. 81, n. 8, p. 2421-2425, 1984.
PRIJAMBADA, Irfan et al. Emergence of nylon oligomer degradation enzymes in *Pseudomonas aeruginosa* PAO through experimental evolution. *Applied and Environmental Microbiology*, v. 61, n. 5, p. 2020-2022, 1995.

Sobre pseudogenes funcionais
BALAKIREV, Evgeniy; AYALA, Francisco. Pseudogenes: are they "junk" or functional DNA? *Annual Review of Genetics*, v. 37, p. 123-151, 2003.
ROBERTS, Thomas; MORRIS, Kevin. Not so pseudo anymore: pseudogenes as therapeutic targets. *Pharmacogenomics*, v. 14, n. 6, p. 2023-2034, 2013.

Sobre o tamanho e as funções por porcentagem do nosso DNA
BALTIMORE, David. Our genome unveiled. *Nature*, v. 409, p. 814-816, 2001.

Sobre a quantidade de genes não significar complexidade
LIU, Gangiang; MATTICK, John; TAFT, Ryan. A meta-analysis of the genomic and transcriptomic composition of complex life. *Cell Cycle*, v. 12, n. 13, p. 2061-2072, 2013.
TAFT, Ryan; MATTICK, John. Increasing biological complexity is positively correlated with the relative genome-wide expansion of non-protein-coding DNA sequences. *Genome Biology*, v. 5, n. 1, 2003. Disponível em: https://doi.org/10.1186/gb-2003-5-1-p1. Acesso em: 25 dez. 2018.

Capítulo 5
HOMOSSEXUALIDADE É NATURAL, VIADA!

A homossexualidade aparece em todas as culturas e sociedades humanas, presentes e pretéritas (até onde podemos averiguar), em uma curiosa proporção que sempre oscila entre 4% e 10% da população. Ou seja, há uma quantidade mais ou menos fixa de pessoas na humanidade que preferem se relacionar com outras do mesmo sexo. Neste capítulo, tentaremos mostrar ao leitor que *preferência* — ao contrário do que muitos pensam — não é uma escolha do indivíduo. E também tentaremos responder a uma das questões mais recorrentes sobre a teoria evolutiva: como ela explica a existência dos homossexuais (o chamado "*paradoxo darwiniano*").

Expliquemos o questionamento: o fato de alguns preferirem se relacionar com pessoas do mesmo sexo traz uma consequência óbvia, que é a menor probabilidade de deixar descendentes. Se você deixa menos descendentes, é esperado que sua linhagem genética desapareça com o tempo. Seguindo essa lógica, se houvesse algo genético que favorecesse a homossexualidade, esses genes já deveriam ter sido extintos da população há muito tempo por mera desvantagem evolutiva. E aí? Para resolver essa questão, só existem dois caminhos, correto? 1) A homossexualidade não é inata (e, portanto, seria uma "escolha" dos indivíduos, não tendo nada de genético); 2) a Evolução não existe. "Peguei vocês, seus escritores evolucionistas marxistas seguidores da agenda gayzista do George Soros", diria algum leitor mais raivoso e conspiracionista. Nossas mais sinceras desculpas por decepcioná-lo, mas há um terceiro caminho: o conhecimento sobre genética de quem diz isso pode estar simplesmente errado.

A maioria das pessoas pensa em genes como pequenos chefes que mandam ordens simples que o corpo executa. Se o gene está presente, algo acontece; se ele está ausente, não acontece. E o gene dominante "manda" no recessivo. Não é culpa das pessoas enxergar a genética de forma tão cartesiana, pois é exatamente isso (ou quase isso) que nos é ensinado no colégio: ervilha de Mendel, tabelinha de um quarto, arvorezinha genealógica com alguma característica genética e fim. Depois da escola, quase ninguém vai a fundo ver como as coisas funcionam. A maioria continuará pensando em genética como algo muito mais simplificado do que realmente é: se você é míope, é culpa dos seus pais; se um negro tem filho com uma branca, nasce um mulato meio a meio, e por aí vai. (Ao pessoal que condena o uso do termo mulato por considerá-lo pejorativo, há vários estudos defendendo a ideia de que ele não deriva da palavra "mula", como se costuma pensar, mas do termo árabe *muwallad* — nascido —, que designava o mestiço de árabe com não árabe na Espanha muçulmana e na África. É direito de qualquer um se sentir ofendido ou incomodado por algum termo, mas nesse caso há muita chance de a etimologia não ser um bom argumento.) Além disso, as pessoas em geral costumam não saber que os genes também podem sofrer influências de estímulos ambientais. Mas vamos lá, vamos tentar responder a esse questionamento sobre como a Evolução pode explicar variações da sexualidade humana.

Para começar, recordemos que homossexuais não são estéreis. Ainda que a chance de se reproduzir seja reduzida — afinal, relacionam-se menos com o sexo oposto —, nada impede que tenham relações heterossexuais eventuais. Aliás, é isso que acaba acontecendo com a maioria dos homossexuais; não há um rótulo na cabeça deles *impedindo-os* de se interessar pelo sexo oposto. Eles apenas *preferem*, em maior ou menor grau, se relacionar com pessoas do mesmo sexo (sexual ou afetivamente). E sim, o mesmo vale para pessoas heterossexuais (ainda que poucas admitam isso). Em vez de enxergar a orientação sexual como um interruptor, com apenas duas fases (ou homo ou hétero), é melhor enxergá-la como uma régua graduada, com uma série de posições intermediárias entre os dois extremos, na qual os extremos *puros* são, na verdade, raros (já dizia Alfred Kinsey, pioneiro dos estudos científicos sobre a sexualidade humana nos anos 1940 e 1950). Apenas por esse fato, já seria possível responder ao questionamento do primeiro parágrafo. O.k., Kinsey provavelmente exagerou ao sugerir que heterossexuais estritos sejam tão raros quanto homossexuais estritos, mas isso não vem ao caso aqui. Afinal, há, sim, maneiras pelas quais os supostos genes da homossexualidade poderiam ser passados para a frente, se fosse o caso.

Vamos usar uma analogia para deixar mais claro o que queremos demonstrar. Imagine que a preferência sexual seja como a predileção por comida (sabemos que a analogia não é perfeita, mas dê um desconto, ela serve para o ponto que queremos abordar). Por exemplo, o Pirula detesta milho, mas adora pizza. Milho na pizza, para ele, é um desperdício de pizza, é como jogar feijão no sorvete. Já o Reinaldo ama *fettuccine* à carbonara, mas fica com o estômago embrulhado só de pensar em fígado. Porém, como convidados de um jantar importante na casa de alguém, o Pirula até consegue comer milho (só não o obriguem a sorrir) e o Reinaldo até consegue fazer um esforcinho para engolir o fígado, apenas para não fazer desfeita para o anfitrião. Não somos impedidos de comer algo de que não gostamos, e provar tais alimentos não faz com que, a partir daquele ponto, passemos a amá-los (como muita gente parece acreditar que acontece quando tratamos de sexualidade). Até pode ser que, eventualmente, uma pessoa faça algum tipo de mistura com milho que o Pirula consiga comer com interesse, ou algum *chef* muito criativo consiga preparar um fígado de forma que o Reinaldo possa lamber os beiços. Isso não faz de nós, autores, amantes de milho ou fígado, respectivamente. Nossas preferências continuam as mesmas; apenas abrimos exceções. E talvez o mais importante dessa conversa toda: nenhum de nós dois *escolheu* gostar de nossos pratos favoritos e detestar outros. Nós simplesmente... preferimos. E o mesmo certamente acontece com você, leitor.

Hoje sabemos que há mecanismos genéticos que podem fazer certas comidas serem intragáveis para algumas pessoas e deliciosas para outras. É comum o *mesmo* gene possuir variações (chamadas *alelos*; o lance de "recessivo" e "dominante" é um exemplo de alelos), como a gente viu brevemente no primeiro capítulo. O gene TAS2R38, que, em humanos, está presente no cromossomo 7, possui alelos que são os principais responsáveis por fazer as pessoas sentirem um gosto terrivelmente amargo ao saborear moléculas de glucosinolatos. Você pode pensar que nunca colocou essa coisa assustadora na boca, mas a verdade é que esses tipos de moléculas estão presentes em muitos vegetais chamados crucíferos (ou brassicáceos), como brócolis, couve-flor, agrião e repolho. Esse gene pode apresentar dois alelos (variações, como explicamos): um é chamado de PAV e o outro é chamado de AVI (não, não é uma extensão de arquivos de vídeo, é uma sigla do tipo de aminoácidos que esse alelo "lê", digamos assim). Isso significa que a pessoa que possuir o alelo PAV do gene TAS2R38 no seu DNA irá sentir um gosto amargo terrível ao comer brócolis ou couve-flor. Já as pessoas que possuem o alelo AVI do mesmo gene não terão receptores na língua para o glucosinolato e, portanto, vão sentir apenas o gosto de brócolis e couve-flor sem esse amargor intenso que pode torná-los intragáveis. Pessoas heterozigotas para esse gene (ou seja, com uma cópia do alelo PAV e outra do alelo AVI) podem sentir o amargo em níveis variáveis, e o seu grau de percepção – e mesmo a eficiência das papilas gustativas para glucosinolato – vai depender de uma série de variáveis, como dieta e familiaridade com sabores amargos. Ou seja, o gene pode se expressar de forma diferente dependendo da dieta do indivíduo; contudo, se o alelo PAV estiver lá, a percepção de amargo acontecerá em maior ou menor grau. Pouco pode ser feito para que um indivíduo homozigoto PAV (ou seja, com duas cópias desse alelo) deguste uma porção de brócolis sem cuspi-la, sentindo ânsia de vômito. Mas uma pessoa com uma cópia de cada alelo desse gene pode "ensinar" sua língua a comer coisas amargas sem que isso se torne um grande infortúnio. Na verdade, dá até para achar gente que adora um amarguinho na comida, na bebida… ou na vida.

Agora o leitor pode estar imaginando que estamos fugindo do assunto, estamos falando de comida e nada de falar de orientação sexual. Calma, pequeno gafanhoto, chegaremos lá. Afinal, qual a razão evolutiva para que esse alelo que faz o glucosinolato ser intragável ao paladar tenha sido selecionado na espécie humana? Couve, repolho ou nabo são alimentos muito nutritivos, e parece pouco eficiente a Evolução ter selecionado um gene que faz as pessoas odiarem esses vegetais. Na verdade, o pensamento adotado precisa ser o oposto. Ainda que algumas plantas tenham o "hábito" de atrair animais (como pássaros, abelhas e morcegos) para ajudar na sua polinização e consequente reprodução, muitas vezes subornando os bichos com líquidos açucarados, isso não significa que seja a casa da mãe Joana e que as plantas queiram que todos os animais venham e façam a festa comendo pedaços do seu lindo e verde corpinho. As folhas das plantas são essenciais para o processo fotossintético, sem o qual os vegetais não vivem, e, portanto, não é do interesse das plantas que essas partes entrem no banquete. Ou seja, aquelas plantas que produziram, nas suas folhas, compostos intragáveis do ponto de vista dos animais foram

SOBRE O GOSTO AMARGO DE VEGETAIS CRUCÍFEROS E A GENÉTICA ENVOLVIDA

CROMOSSOMO 7

O gene TAS2R38 possui dois tipos de alelos principais, um chamado PAV, que forma receptores pro gosto do amargo na língua, e um chamado AVI, que não forma esses receptores. Esses alelos são codominantes, ou seja, não há dominante ou recessivo, ambos se expressam.

TAS2R38

•••••• TODO MUNDO TEM DOIS CROMOSSOMOS 7 ••••••

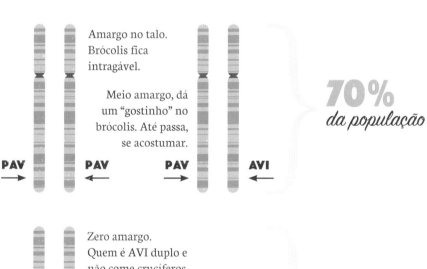

Amargo no talo. Brócolis fica intragável.

PAV — **PAV**

Meio amargo, dá um "gostinho" no brócolis. Até passa, se acostumar.

PAV — **AVI**

70% *da população*

Zero amargo. Quem é AVI duplo e não come crucíferos merece um caminhão de brócolis pra largar mão de ser fresco.

AVI — **AVI**

30% *da população*

menos comidas e, desse modo, se reproduziram mais. Hoje, a totalidade dos indivíduos de algumas espécies vegetais produz esses compostos. Na verdade, eles não são apenas intragáveis; alguns desses compostos são efetivamente tóxicos e podem fazer muito mal se consumidos em excesso. E tem mais. A maior parte dos vegetais que comemos produz alguma toxina cujo intuito era precisamente impedir que eles fossem comidos, do arroz e feijão do nosso almoço ao cafezinho que tomamos pela manhã. Sendo assim, o efeito evolutivo que ocorreu em seres humanos foi justamente o surgimento do alelo AVI (que não sente o gosto amargo), e não o contrário. O alelo PAV provavelmente era o mais comum no passado e deve ter sido muito útil para evitar que nossos ancestrais comessem plantas venenosas. Mas, depois que inventamos a agricultura – o que diminuiu a probabilidade de comermos plantas estranhas –, a presença desse alelo PAV passou a ser prejudicial para muita gente, pois dificultava que consumissem fontes importantes de nutrientes. A seleção natural tomou, então, outros rumos, fazendo a proporção de alelos AVI aumentar na população (uma vez que, em períodos de estiagem muito severa, muitas pessoas homozigotas PAV podem ter morrido de fome sem ter tido tempo de pensar em fazer filhos). Hoje, a ciência que trabalha com transgênicos ainda luta para remover esse gosto amargo dos glucosinolatos sem alterar as propriedades nutricionais benéficas desses vegetais (o que é muito difícil, pois muitas dessas propriedades derivam de substâncias geradas pela quebra dos próprios glucosinolatos). Ou seja, quando crianças se recusam a comer os vegetais folhosos que seus pais colocam em seus pratos, nem sempre é "manha" ou falta de interesse (às vezes é; cabe aos pais averiguar). É por isso que produtores desses alimentos e nutricionistas – e todo mundo – precisam ficar sempre martelando na cabeça das pessoas que comer esse tipo de alimento é bom para a saúde, porque, se depender do gosto pessoal, uma porcentagem significativa da população (entre um quarto e metade) nunca vai optar por comê-los.

O.k., há divergências quanto a essa explicação evolutiva. Aparentemente, o alelo AVI pode estar relacionado ao gosto de outras substâncias tóxicas que poderiam estar presentes em plantas silvestres que hoje não nos arriscamos mais a comer. Outra hipótese levantada é que essa expressão de amargor gerada pelos diferentes alelos do gene TAS2R38 possa ser um efeito colateral, e que a função primordial desse gene seja estimular o sistema imune mediante ativação de receptores ("fechaduras" das células) por certas bactérias, uma vez que esses receptores também se expressam na superfície da traqueia. Mas o importante aqui é demonstrar que muito daquilo que consideramos *gosto* ou *preferência* não são escolhas individuais, e sim expressões variadas de nossos genes aliadas a algum tipo de exposição ambiental não intencional.

Agora vamos a algumas características objetivas observadas em homossexuais ao redor do mundo. Aqui vale uma ressalva importante: não abordaremos, neste capítulo, a transexualidade. Não porque não seja um tema relevante — inclusive, na verdade, há estatísticas que mostram uma alta probabilidade de ambos os fenômenos ocorrerem ao mesmo tempo numa pessoa devido a mecanismos intrauterinos parecidos (discutiremos isso mais adiante). Não trataremos disso agora porque o tema envolve uma gama enorme de explicações paralelas que tornariam o capítulo absurdamente confuso e longo. Seria necessário um outro capítulo apenas para isso; portanto, deixemos esse papo para um possível próximo volume. Vamos nos ater aqui à orientação sexual, ou seja, com qual dos sexos as pessoas *preferem* se relacionar (lembrando que preferência não é escolha), e a suas características gerais.

DANDO PINTA

Muitas pessoas dizem ser capazes de identificar um gay ou uma lésbica apenas pelos trejeitos ou pequenos sinais corpóreos (muitos gays, inclusive, dizem isso), e essa é uma habilidade apregoada com certo orgulho por aqueles que afirmam possuí-la. Se fulaninho "dá pinta", só pode ser gay, assumido ou enrustido. De fato, há estudos científicos indicando que é possível, sim, identificar traços que indiquem homossexualidade em pessoas, tanto na voz quanto nos trejeitos de rosto e corpo. Porém, não de forma 100% acurada, como tudo em biologia. Alguns homossexuais não "dão pinta", enquanto alguns heterossexuais "dão pinta" e não são gays. Mas, em linhas gerais, há uma curva gaussiana (aquelas curvas de gráfico em formato de sino, em que a parte mais alta indica a maioria) indicando que homossexuais apresentam, sim, trejeitos identificáveis na maioria dos casos. Isso poderia ser uma característica cultural? (Afinal, o meio gay acabaria por "contaminar" as pessoas com estereótipos que elas incorporariam por identificação.) Até poderia, mas tudo indica que essa explicação não faz muito sentido. Isso porque foram realizados estudos internacionais aplicando os mesmos testes em várias culturas e continentes diferentes (Américas do Norte e do Sul, Oceania, Europa e Ásia) e os traços de feminilidade ou masculinidade que distinguem os homossexuais foram observados com mínimas diferenças em todos os países estudados. É claro que mais estudos precisam ser feitos para comparar os resultados com os de outras sociedades, mais fechadas e menos expostas à cultura de origem europeia, mas as pesquisas já existentes dão uma boa ideia do que vamos discutir neste capítulo.

Esses traços — tanto de voz quanto de expressão corporal — que podem ajudar a identificar uma boa porcentagem de homossexuais são observados também (prenda a respiração e tente ler o parágrafo até o final antes de fechar o livro e jogá-lo fora)... em *crianças*. Sim, sabemos que é quase impossível falar sobre sexualidade de crianças, porque, por definição, crianças não possuem nenhuma libido ou interesse sexual. Toda e qualquer tentativa de sexualização de crianças de que temos notícia gera traumas e comportamentos anômalos decorrentes desses traumas. Porém, mesmo antes de os hormônios responsáveis pela libido aflorarem, esses traços "acessórios", por assim dizer, de orientação sexual podem ser detectados. Igualmente em uma porcentagem bem alta (88% em alguns estudos), esses traços acabam por corresponder às preferências sexuais que os indivíduos terão depois da puberdade (e bissexuais ficam em um meio-termo, metade correspondendo, metade não). Essas crianças são chamadas de pré-homossexuais (existe, portanto, o termo pré-heterossexual também) na literatura acadêmica, pois não é possível classificá-las até chegarem a uma fase adulta, mas é possível identificar esses traços que indicam uma probabilidade alta (que nunca é de 100%, vale sempre lembrar) de que serão homossexuais. Um fato interessante é que, em meninas, essa detecção é menos acurada do que em meninos, ou seja, um menor número de meninas com comportamento pré-homossexual vai efetivamente ser lésbica na vida adulta. Mas, mesmo assim, o percentual também é alto.

Em resumo, há características objetivas de voz e linguagem corporal que podem ser observadas na maioria dos homossexuais, homens ou mulheres, que se repetem em diferentes culturas e modelos de sociedade e que são detectáveis pela maioria das pessoas, sejam homossexuais ou não. Guardem bem essa frase.

É COISA DA SUA CABEÇA

Em 1990, dois pesquisadores do Instituto de Pesquisas Cerebrais da Holanda constataram que homossexuais possuem uma região do hipotálamo (uma área central do nosso cérebro) quase duas vezes maior que a de heterossexuais (o experimento foi feito apenas em homens já falecidos, cujos cérebros foram cortados e medidos). Seguindo a mesma pegada, em 1991, Simon LeVay, um pesquisador britânico que trabalhava em San Diego, nos Estados Unidos, chegou a resultados parecidos, dessa vez incluindo mulheres heterossexuais na amostragem. LeVay concluiu não só que essa área do hipotálamo tinha tamanho diferente em homens

gays e hétero, mas também que ela possuía tamanho similar em homens gays e mulheres hétero, mais um indício de que essa diferença de tamanho poderia estar relacionada à orientação sexual, uma vez que essa área do cérebro está vinculada a funções reprodutivas. Em 1992, um novo estudo foi feito por dois pesquisadores da Califórnia, que, analisando o cérebro de mais de noventa cadáveres, concluíram que havia diferença de tamanho em uma outra área quando compararam homens gays, homens hétero e mulheres hétero. Essa área, chamada de comissura anterior, liga os dois hemisférios cerebrais e não está vinculada (pelo menos até onde se sabe) a nenhuma função reprodutiva ou sexual, ainda que esteja bastante próxima daquela área do hipotálamo analisada nos artigos anteriores. Esses achados poderiam indicar que o cérebro de homens gays (até então, nada de lésbicas) teria diferenças essenciais não apenas em áreas vinculadas à orientação sexual, mas também em áreas relacionadas a outras funções, sendo um indício de que um gay poderia ser caracterizado por mais coisas além da "mera" orientação sexual.

Observações desse tipo foram retomadas anos depois com o advento da ressonância magnética funcional, que permite observar as áreas do cérebro que são ativadas em uma pessoa acordada mediante certos estímulos (visuais, auditivos, olfativos etc.). Esses estudos foram mostrando cada vez mais similaridades entre mulheres heterossexuais e homens gays e entre homens hétero e mulheres homossexuais (finalmente incluíram lésbicas nos estudos). Ou seja, certas áreas do cérebro respondiam a feromônios (odores que funcionam como sinalizadores) e/ou estímulos visuais de acordo com a preferência sexual da pessoa, e não com seu sexo biológico. Pessoas que se sentiam atraídas por homens (fossem homens ou mulheres) tinham respostas cerebrais semelhantes ao ser excitadas visual ou olfativamente, o mesmo valendo para pessoas que se sentiam atraídas por mulheres. Algumas dessas diferenças de ativação e fluxo sanguíneo cerebral se davam em áreas não vinculadas à reprodução ou à

sexualidade, mostrando mais uma evidência de que o que caracteriza homossexuais vai muito além de sua orientação sexual. Bissexuais foram testados em poucos estudos, mas mostraram um meio-termo entre homo e heterossexuais.

É óbvio que esses estudos com ressonância magnética funcional isoladamente não têm a capacidade de identificar se determinado comportamento é inato. Assim como usamos uma parte do cérebro para aprender um novo idioma e, quando já estamos fluentes nesse idioma, passamos a usar outra, uma área ativada para determinado comportamento poderia ter se moldado com o passar da vida do indivíduo, e não necessariamente ter *nascido* com ele. E, uma vez que o aprendizado de um idioma novo muitas vezes é uma opção que a pessoa faz ao longo da vida, a ativação cerebral de uma certa área não é obrigatoriamente a causa de determinado comportamento. Os fatores precisam ser avaliados em conjunto e no detalhe; caso contrário, pode-se incorrer em uma falácia de falsa correlação.

Uma meta-análise (basicamente uma grande comparação estatística de muitos estudos anteriores) realizada em 2016, compilando os artigos publicados até então, demonstrou que todos os estudos chegam a uma conclusão semelhante: há diferenças estruturais e de ativação/fluxo sanguíneo em áreas cerebrais de homos e héteros. E todas ou quase todas as áreas cerebrais que apresentam essa diferença são subcorticais. Isso pode parecer irrelevante à primeira vista, mas significa muita coisa quando entendemos a estrutura do cérebro de vertebrados. O córtex é a parte mais externa do cérebro; é aquela área que fica aparente quando imaginamos um cérebro, cheia de ranhuras irregulares (chamadas circunvoluções) que dão um aspecto de chiclete mastigado para o nosso órgão mais nobre. O córtex está ligado com a parte de inteligência não instintiva, ou seja, que depende de experiências individuais, onde são armazenadas memórias e tudo que se aprende, onde estão as áreas associadas com prazer, felicidade, moralidade, pensamento lógico, tomada de decisões etc. É basicamente o córtex cerebral

AS TRÊS CAMADAS DO ENCÉFALO
(Segundo Paul MacLean)

COMPLEXO REPTILIANO	**COMPLEXO PALEOMAMALIANO**	**COMPLEXO HUMANO**
(TRONCO CEREBRAL, TÁLAMO, PONTE E CEREBELO)	(HIPOTÁLAMO, AMÍDALA, HIPOCAMPO)	(CÓRTEX/ NEOCÓRTEX)
Respiração, regulação cardíaca, ciclo de sono, movimentação automática, dor, agressividade, territorialismo	*Emoções instintivas, hábito alimentar, comportamento sexual*	*Linguagem, abstrações, tomada de decisões, razão*

o que nós, humanos, temos mais do que os outros animais. Já a região central inferior do cérebro é chamada de "complexo reptiliano", usando a denominação do neurocientista Paul MacLean, e é composta por tálamo, gânglios basais, tronco e cerebelo. Apesar do termo "complexo reptiliano" soar muito lamarckista, de fato répteis (e aves, que são dinossauros) possuem essas áreas mais desenvolvidas em relação ao córtex.

Essas áreas são responsáveis por comportamentos como territorialidade, agressividade e rituais de acasalamento. Entre essas duas partes (o córtex e o complexo reptiliano) há o que MacLean chamou de "complexo paleomamaliano", ou seja, um conjunto de estruturas cerebrais que seria mais desenvolvido nos mamíferos com cérebros mais primitivos (o bom leitor já sabe que "primitivo", em cladística, significa apenas antigo, e não "atrasado" ou "pior"). Essas estruturas são o hipotálamo, a amídala e o hipocam-

po, entre outras, e seriam responsáveis por emoções instintivas (para os biólogos, o termo "instinto" é bastante preciso, ainda que psicólogos costumem odiá-lo) vinculadas ao cuidado parental (ou seja, o famoso "amor de mãe") e ao comportamento reprodutivo e alimentar (é óbvio que humanos podem conscientemente controlar isso até certo nível, senão ninguém saberia como conter a agressividade, por exemplo, que está no complexo reptiliano). Assim, o desenvolvimento dessa área estaria associado ao comportamento social, fundamental para animais como os mamíferos, que, em sua quase totalidade, são seres que vivem em grupos, e não sozinhos, como a maioria dos répteis (menos as aves) e anfíbios. O fato de as diferenças cerebrais observadas entre homos e héteros estarem exatamente nessas partes anatômicas é um indício chocante de que a orientação sexual passa longe de áreas responsáveis por escolhas ou moralidade. Ao contrário, está em uma área vinculada ao comportamento instintivo. Mas como testar essa hipótese? Ora, se a orientação sexual é mais instintiva do que aprendida/construída, então essas variações do padrão heterossexual deveriam ser observadas em outras espécies também, certo? É isso o que veremos em breve.

Antes de finalizar esta parte, haverá aquele leitor mais antenado que se lembrará de que, em 2016, foi noticiado que um *bug* no *software* mais utilizado em estudos de ressonância magnética funcional poderia invalidar 15 anos de pesquisas na área. Sendo assim, não poderíamos confiar nesses resultados. Esse artigo foi publicado em uma revista conceituadíssima (PNAS, da Academia Americana de Ciências) em junho de 2016. Em agosto desse mesmo ano, no entanto, os próprios autores publicaram uma errata, dizendo que o número de "40 mil resultados perdidos", citado por eles anteriormente, era uma informação inverídica, e trocaram no texto as menções a quantidades por pronomes indefinidos, como "muitos" e "numerosos". A correção se deveu ao fato de vários cientistas terem apontado que esse número era superestimado, podendo o número real ser inclusive algo na casa dos 3.500. Ainda que o

erro exista e seja preocupante, talvez não seja algo tão alarmante nem tenha prejudicado tantas pesquisas assim. Além disso, essas pesquisas sobre diferenças cerebrais entre homos e héteros não recorreram apenas à ressonância magnética, mas também a outras técnicas, como tomografias por emissão de pósitrons (PET) e magnetoencefalografia (MEG), em cujos *softwares* não há nenhum *bug* identificado até o momento.

HORMÔNIOS, SEMPRE OS HORMÔNIOS

Dizer que a orientação sexual pode ser influenciada por hormônios levanta alguns fantasmas de um passado bastante recente que certos países preferem esquecer. Algumas décadas atrás, quando a homossexualidade ainda era considerada uma doença passível de tratamento e, em muitos países, um crime sujeito à prisão, doses de hormônios eram dadas a esses "criminosos" para que eles "voltassem ao normal" e parassem com seus "nefastos atos de sodomia".

A Inglaterra, na década de 1950, ainda oferecia esses tratamentos para "curar" o "crime" de ser homossexual, e entre as vítimas desse tipo de procedimento estava Alan Turing, o inventor do computador (até hoje, nossos computadores, sejam *desktops*, *laptops* ou celulares, usam basicamente o mesmo princípio desenvolvido por Turing). Há também o caso do Irã, onde a homossexualidade é ilegal, mas a transexualidade é considerada uma doença, e a cirurgia de redesignação sexual, bem como tratamentos hormonais, podem ser pleiteados ao Estado, o que leva alguns gays a se declararem transexuais perante a Justiça a fim de evitar a morte. Muitos se suicidam depois do processo (ótimo exemplo para demonstrar que, apesar de próximos, os fenômenos de homossexualidade e transexualidade não são a mesma coisa).

Nem é preciso dizer que o tratamento hormonal é absurdamente agressivo para o ser humano, mesmo que sejam doses do mesmo hormônio que o indivíduo já produz naturalmente. Afinal, todo mundo que faz ingestão de hormônios hoje precisa fazê-

-lo aos pouquinhos, com acompanhamento médico e muito cuidado, como no caso dos halterofilistas, de algumas mulheres na menopausa e alguns transexuais.

Em uma realidade dessas, como alguém pode ter coragem de dizer que hormônios têm a ver com essa coisa toda? Pois bem, eles têm e muito, mas não depois que o indivíduo já está adulto e bem formado, nem mesmo na puberdade, quando sabidamente os hormônios afloram. Hormônios influenciam bem antes, quando ainda estamos vivendo confortavelmente no útero; aliás, antes até de termos consciência de estar vivendo. Explicamos: os hormônios sexuais são fundamentais para a gestação; são eles que determinam a formação da genitália do rebento. Até os *primeiros dois meses* de gravidez, a genitália não está formada, sendo um órgão híbrido que pode se transformar tanto em órgão sexual masculino quanto em feminino. Se o embrião tiver um cromossomo Y, esse cromossomo manda ordens para que testosterona seja produzida, a fim de que, a partir dessa pré-gônada, sejam formados um pênis e dois testículos. Se não houver nenhum cromossomo Y no feto, mas um cromossomo X extra, a testosterona não é produzida, e então a ordem é transformar essa pré-gônada em uma vagina e dois ovários. Eventuais erros nessa etapa podem gerar indivíduos com o que é chamado de genitália intersexo (antigamente denominados hermafroditas). Em síndromes raras, como a de Turner, que ocorrem quando o indivíduo tem apenas um cromossomo sexual (X), a genitália fica feminina, ainda que não plenamente formada. Já na síndrome de Klinefelter, em que o indivíduo possui três cromossomos sexuais, sendo XXY, a presença do Y faz com que a genitália fique masculina, ainda que a presença do X extra gere algumas inconformidades gerais (como poucos pelos, crescimento de seios e musculatura menos desenvolvida).

Contudo, depois que a presença ou a ausência de testosterona (ou estrógeno) forma a genitália do feto, o trabalho ainda não está concluído: é necessário "instalar" o *software* no cérebro do huma-

ninho em formação para que ele possa ter a oportunidade de usar esse aparato para se reproduzir quando a hora chegar (sim, falando em termos evolutivos, é cru desse jeito mesmo). Porém, a instalação desse *software* só começa meses depois, na *segunda metade da gravidez*. Portanto, a formação da genitália e a conformidade cerebral de gênero e orientação sexual são processos separados por muito tempo dentro do ciclo gestacional. É nesse segundo período que pode aparecer alguma informação que inverta o processo, ou seja, que faça o cérebro de um menino se interessar por outros meninos (e o de uma menina se sentir atraído por outras meninas) ou mesmo que faça a pessoa se identificar como pertencente ao gênero oposto ao que indica sua genitália (a transexualidade). Mas o que pode gerar esse tipo de inconformidade no caso dos homossexuais?

Sabe-se que orientação sexual (homo ou hétero) ou identidade de gênero (trans ou cis) ocorrem naturalmente devido, em princípio, a doses hormonais na segunda metade da gestação. Inclusive, o mesmo fato foi observado em experimentos com ratos de laboratório, nos quais alterações hormonais induzidas durante a segunda metade da gestação geraram indivíduos com comportamento reprodutivo bissexual. Efeitos semelhantes foram observados também em porquinhos-da-índia e macacos resos. Essa é a parte mais tensa dessa área de estudos, porque envolve várias hipóteses e poucas certezas. Ainda que fatores posteriores ao nascimento possam gerar algumas alterações, a base da orientação sexual ou da identidade de gênero é colocada nessa etapa (quanto a isso não adianta espernear; aceita que dói menos, miga). Mas a explicação para esse fato gera controvérsias.

Uma das possibilidades é uma resposta imune do corpo da mãe aos fetos em formação. Sabemos que o que será dito agora pode ferir o coração de pessoas mais sensíveis, sobretudo de mulheres que são mães ou que ainda almejam a maternidade, mas, biologicamente, é sabido que o corpo da mãe enxerga a gestação como uma invasão de um patógeno gigantesco — afinal, o DNA do filho não é o mesmo da mãe. Sendo assim, o sistema imunológico da mãe tomará atitudes contra esse agressor até que ele seja eliminado (o que invariavelmente vai acontecer, em geral depois de nove meses). Na verdade, a reação imunológica do corpo da mãe ao bebê em formação é idêntica à que ele teria contra um parasita.

Um cromossomo Y mandando produzir testosterona (que vem também do corpo da mãe) pode gerar uma resposta imune contra a testosterona, fazendo com que esse hormônio não chegue (ou chegue menos) ao feto via cordão umbilical. Tecnicamente, essa resposta aumentaria quanto mais vezes o corpo da mãe fosse exposto a essa informação. Isso geraria o chamado "efeito da ordem de nascimento fraternal" e faria com que, no caso de mães que tiveram muitos filhos homens, os caçulas acabassem tendo uma maior probabilidade de ser homossexuais. Porém, isso não explicaria a homossexualidade feminina, o que fez com que muitos outros fatores fossem levantados, como fumo, tireoide desregulada, hiperplasia adrenal congênita, estresse na gravidez (afetando ambos os casos, tanto masculino quanto feminino) ou mesmo ovários policísticos (com evidências observadas também em macacos resos). Um outro agente acusado de aumentar a proporção de homossexuais em alguns países foi o dietilestilbestrol, um tipo de estrógeno receitado a muitas mulheres grávidas entre as décadas de 1940 e 1970 para reduzir o risco de complicações na gravidez, até que se descobriu que esse hormônio sintético aumentava a incidência de câncer vaginal e ele deixou de ser prescrito.

Essas explicações e hipóteses, vale lembrar, são muito fraquinhas para explicar o surgimento de alterações na produção ou não de testosterona na segunda metade da gestação. De fato, as proposições da defesa imune e do estresse na gravidez têm um pouco mais de robustez, podendo interferir pelo menos em alguma porcentagem dos casos. Mas algo mais tem de estar intervindo nesse fenômeno, caso contrário a proporção de homossexuais

na população seria muito menor ou distribuída em quantidades muito menos constantes do que efetivamente é. Poderia ser algum gene?

ESTAVA ESCRITO NOS SEUS GENES...

Já dizia um velho ditado LGBT que, se homossexualidade fosse uma questão de criação, ela não existiria, porque praticamente todo filho ou filha é criado para ser hétero. Porém, ainda que esse argumento sugira haver algo inato na orientação sexual, ao mesmo tempo ele também acaba por concluir que não pode ser genético, caso contrário seria de se esperar que esses filhos gays nascessem de pais ou avós também gays. Bem, de fato a explicação não precisa ser genética: já abordamos aqui elementos gestacionais que dariam conta do recado, que tornariam a homossexualidade inata, porém não hereditária (além de se encaixarem perfeitamente na argumentação da frase que iniciou o parágrafo). Porém, a ciência não trabalha com o que é "suficiente", ela investiga a realidade e tenta descobrir o que há para se descobrir. E o que sabemos sobre a questão genética nesse assunto?

Uma coisa que já é pesquisada há décadas é a amostragem com gêmeos. Simplificando, podemos dizer que, se você é homossexual e possui um irmão ou irmã gêmeo idêntico (monozigótico), há cerca de 52% (68% em alguns estudos) de chance de ele ou ela ser homossexual também. Da mesma forma, se você é homossexual e tem um irmão ou irmã gêmeo não idêntico (dizigótico), há uma chance menor, porém ainda relevante, de ele ou ela ser homossexual também (em torno de 22% em alguns estudos). Já se você é homossexual e tem irmãos não gêmeos, a chance de eles serem igualmente homossexuais é em torno de 10%, uma porcentagem surpreendentemente parecida com a obtida entre irmãos adotivos. É óbvio que essas porcentagens variam dependendo da amostragem do estudo e de como a sexualidade é avaliada (e inclusive se a bissexualidade é incluída). Um dos exemplos dessas variações é que mulheres têm uma tendência maior a apresentar graus de bissexualidade em vez de serem homossexuais estritas, enquanto homens estatisticamente demonstram ser mais "preto no branco" (ou homo, ou hétero). Esse último aspecto pode, naturalmente, ser reflexo de algo mais social que biológico. Mas espere aí. Por que apenas o último aspecto pode ser social e os demais não? Afinal, se filhos são criados pelos mesmos pais, seria de se imaginar que a tendência de um deles ser homo ou heterossexual seja próxima da dos irmãos e irmãs. Pois é, caro leitor, mais ou menos. Mais ou menos.

Se os fatores fossem meramente sociais, essa diferença entre gêmeos monozigóticos e dizigóticos não seria tão gritante. Mas tudo bem, é comum que mamães e papais orgulhosos de terem um filho "Ctrl C + Ctrl V" do outro vistam os dois exatamente da mesma forma e façam tudo igualzinho com eles, o que poderia aumentar as chances de eles serem parecidos inclusive na orientação sexual. O ideal seria que fossem feitos estudos em gêmeos monozigóticos separados no nascimento. O problema é justamente esse que o leitor está imaginando: onde raios os pesquisadores vão encontrar um número significativo de gêmeos monozigóticos criados separadamente? Salvo raríssimas exceções, quando crianças são separadas no nascimento, geralmente não voltam a se encontrar na fase adulta. Mas há alguns dados, coletados pela pesquisadora americana Nancy Segal durante vinte anos no chamado "Landmark Minnesota Twin Study", em que ela acompanhou mais de 130 pares de gêmeos, idênticos ou não, crescidos e criados separadamente, e concluiu que há muitos traços de personalidade compartilhados, além de QI e até religiosidade e orientação política. E, óbvio, orientação sexual. Ou seja, eliminando a variável *ambiente*, o índice de coincidência continua alto, ainda que — como tudo o que envolve biologia — não seja 100%. E os dados existentes não se limitam aos gêmeos. Além de irmãos, já foram pesquisadas famílias inteiras para se averiguar a quantidade de primos e tios homossexuais que uma pessoa homossexual pode ter. Um indivíduo homossexual possui uma chance de 6% a

9% de ter pelo menos um primo ou tio homossexual, com pequenas variações entre homens e mulheres.

Esses dados podem não significar nada para a maioria das pessoas; afinal, muitos pensam que "se é genético, deveria ser 100% e não 10%". Essa justificativa tem sido usada por vários grupos da sociedade — aqueles que nitidamente não nutrem nenhuma simpatia por homossexuais — para legitimar suas ideologias de "cura gay". A isso se junta o fato de irmãos adotivos terem a mesma chance de ser homossexuais que irmãos consanguíneos não gêmeos, fazendo cair por terra a possibilidade de causas genéticas da homossexualidade. Pois bem, chegou a hora de corrigir algumas interpretações errôneas que as pessoas costumam fazer sobre genética, as quais explicamos exaustivamente no começo do capítulo ao falar sobre brócolis e repolhos.

Existem pacotes de genes que interagem entre si, e as características que eles expressam podem ser diferentes caso esses genes estejam separados ou juntos. Ou seja, não é o caso de *ter* ou *não ter* determinados genes, mas sim de esses genes poderem expressar determinadas características se aparecerem em conjunto e manifestarem características diferentes se estiverem separados. Além disso, há genes que podem se expressar de forma distinta (com mais ou menos força — ou até serem silenciados) conforme a presença de determinados fatores genéticos, celulares e até ambientais. Os estudos sobre a expressão gênica e o funcionamento de genes em conjunto pertencem ao ramo da epigenética.

Um estudo publicado em 1993 na revista especializada americana *Science* (nada mais, nada menos que a publicação científica mais importante do planeta, pau a pau com sua equivalente britânica, a *Nature*) observou que, entre homens homossexuais, os parentes igualmente homossexuais nunca estavam do lado paterno, mas do lado materno, sendo tios ou filhos de tias, o que levantou a hipótese de esse traço estar ligado ao cromossomo X, mais precisamente a um enorme bloco de genes chamado *Xq28*. Isso porque, como já é de conhecimento popular, homens possuem cromossomos sexuais X e Y, enquanto mulheres possuem duas cópias do cromossomo X. Já que mulheres têm esse material genético em duplicata, a regulação gênica delas faz o trabalho de "desligar" os genes de um dos cromossomos X para que ele não se superexpresse, o que poderia ocasionar problemas. O mecanismo é tão genial que, quando há algum gene "com defeito" em uma das cópias, essa cópia costuma ser silenciada em favor da outra.

Já nós, homens, não dispomos dessa opção: todos os genes presentes no cromossomo X são fundamentais, e nós portamos apenas uma cópia deles. Um exemplo de característica (no caso, negativa) que é passada pelo cromossomo X é a hemofilia, que causa sérios problemas de coagulação sanguínea. É muito raro haver mulheres hemofílicas, porque pai e mãe precisam apresentar a doença para que ela se expresse (ou seja, o gene que desencadeia o problema precisa estar presente nos dois cromossomos X). Quando apenas um cromossomo X da mulher contém o alelo para hemofilia, ele geralmente é desligado e ela nasce sem essa característica (ainda que possa passar esse traço para seus filhos); se for um filho homem e ele herdar justamente o X com o alelo hemofílico, há 100% de chance de ele apresentar a doença.

E veja que interessante: se o cromossomo com alelo para hemofilia passar por gerações de mulheres até chegar a um homem, pode ser que o último hemofílico da família tenha sido um bisavô ou tataravô: um "salto" de gerações. A pessoa pode apresentar uma característica de origem genética sem que seus pais a apresentem. Isso sem falar de alelos recessivos e dominantes da genética mendeliana básica, em que há um quarto de chance de filhos herdarem os traços originários de genes recessivos dos pais (que podem muito bem, eles mesmos, não apresentar tais traços).

O cromossomo Y é outro candidato a ter algum gene que influencie na orientação sexual. Sabemos que a região específica do cromossomo Y responsável pela formação dos genitais masculinos e pela produção de testosterona é a *Yp11.3*. Você pode

CARACTERÍSTICAS VINCULADAS AOS CROMOSSOMOS SEXUAIS:
O exemplo da hemofilia

Na espécie humana, mulheres são XX e homens são XY (usualmente). Para não haver superexpressão genética, que pode ser um problemão, em mulheres um dos X é inativado (não totalmente, mas em boa parte). Quando um desses cromossomos X é zoado por natureza, o sistema de inativação já o inativa direto. Porém, ele continua herdável. Filhas herdam o X do pai e um dos dois X da mãe. Filhos herdam o Y do pai e um dos dois X da mãe.

CROMOSSOMO X NORMAL

CROMOSSOMO Y

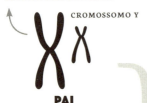

PAI
Esse pai não tem o gene para hemofilia

CROMOSSOMOS X ZOADO E NORMAL

MÃE
Essa mãe não desenvolve hemofilia, porque o X com o gene pra doença é inativado, e o outro X faz todo o serviço. Ou seja, esta mãe é portadora, mas não hemofílica

MENINO
Se o filho for menino, ele tem 50% de chance de ser hemofílico. O pai passará apenas o cromossomo Y. Então, se ele herdar o cromossomo X da mãe que não possui o gene pra hemofilia, ele será saudável. Se herdar o X zoado, ele será hemofílico, porque com apenas um cromossomo X não pode rolar inativação de cromossomo.

MENINA
Se for menina, ela obrigatoriamente herdará o X do pai, que não possui o gene da doença. Sendo assim, não importa qual X ela herde da mãe, ela nunca desenvolverá a doença. Mesmo que ela herde o cromossomo com o gene pra hemofilia, esse X será inativado, e ela será saudável, sendo apenas portadora.

1 FILHOS SAUDÁVEIS NA MAIORIA DOS CASOS

(50% se for menino. Porém, os netos podem ter a doença, porque a filha é portadora, apesar de saudável.)

CROMOSSOMO X ZOADO
CROMOSSOMO Y

PAI
Pai hemofílico

CROMOSSOMOS X NORMAIS

MÃE
Essa mãe é saudável sem genes pra hemofilia

MENINO
Nunca será hemofílico, pois não herda o cromossomo X do pai, apenas da mãe, e no caso ambos os cromossomos X dela são saudáveis.

MENINA
Nunca será hemofílica, mas sempre será portadora (herdará o cromossomo X do pai, que possui o gene pra hemofilia).

100% DE CHANCES DE TER FILHOS SAUDÁVEIS, *apesar do pai hemofílico. Porém, seus netos possuem chance de serem hemofílicos, porque a filha tem 100% de chance de ser portadora.*

· ·

CROMOSSOMO X NORMAL
CROMOSSOMO Y

PAI
Pai saudável

CROMOSSOMOS X ZOADOS

MÃE
Mãe hemofílica, os dois cromossomos X possuem o gene pra hemofilia. Impossível escapar

MENINO
100% de chance de ser hemofílico. O cromossomo X dele só pode vir da mãe, e, no caso, ambos possuem o gene pra hemofilia.

MENINA
100% de chance de ser portadora da doença, 0% de chance de ser hemofílica, porque herda o cromossomo X saudável do pai.

50% DE CHANCES DE TER FILHOS HEMOFÍLICOS, *mas o sexo importa: 100% de chance se for menino e 0% de chance se for menina. Os netos possuem muita chance de serem hemofílicos.*

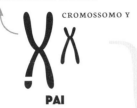

CROMOSSOMO X ZOADO

CROMOSSOMO Y

PAI
Pai hemofílico

CROMOSSOMOS X ZOADO E NORMAL

MÃE
Mãe saudável, mas portadora do gene pra hemofilia

MENINO
Possui 50% de chance de ser hemofílico, porque não herda o cromossomo X do pai, mas tem 50% de chance de herdar o cromossomo X zoado da mãe.

MENINA
Possui 50% de chance de ser hemofílica, pois herdará o cromossomo X do pai, que possui o gene pra hemofilia, mas tem 50% de chance de herdar o cromossomo X zoado da mãe. Se ela tiver os dois cromossomos X com o gene pra hemofilia, inativar um dos X não vai salvá-la, e ela será hemofílica. De qualquer jeito, ela tem 100% de chance de ser portadora do gene pra hemofilia.

50% DE CHANCES DE TER FILHOS HEMOFÍLICOS,

não importa o sexo. Isso significa que seus netos têm altas chances de serem hemofílicos, ou no mínimo portadores dos genes.

• •

até ter um cromossomo Y, mas se ele não apresentar essa região você não virará um homem (literalmente falando). A expressão de pseudogenes — pedaços truncados de antigos genes — adjacentes a essa região já foi proposta como uma das influências na orientação sexual e testada em ratos de laboratório, com uma boa chance de ser uma explicação plausível. Se for isso mesmo, significa que as homossexualidades feminina e masculina têm explicações diversas em alguns pontos, o que as estatísticas, aliás, já parecem demonstrar.

Então, esse lance de que a homossexualidade é genética apenas se 100% dos irmãos gêmeos forem gays é mau entendimento

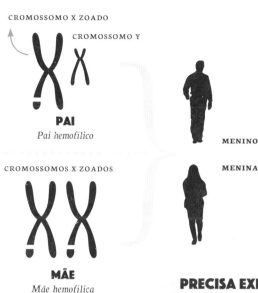

CROMOSSOMO X ZOADO
CROMOSSOMO Y

PAI
Pai hemofílico

CROMOSSOMOS X ZOADOS

MÃE
Mãe hemofílica

MENINO

MENINA

PRECISA EXPLICAR ESSE?
Todo mundo hemofílico. Netos podem não ser hemofílicos, mas os filhos da menina possuem chances altas. Se o menino tiver filhos e a nora for saudável e não portadora, uma neta terá 100% de chance de ser portadora, mas não terá a doença, e um neto terá 0% de chance de ser hemofílico.

• •

de genética. A hipótese de a homossexualidade estar ligada ao cromossomo X pode fazer sentido para explicar as taxas relativamente baixas, mas ainda assim constantes, de prevalência em famílias. Inclusive, os cerca de 22% de coincidência de orientação homossexual entre irmãos dizigóticos (gêmeos não idênticos) seriam o esperado para uma herança não dominante de cromossomo X. Porém, se a explicação fosse tão simples quanto essa, irmãos gêmeos idênticos deveriam ter 100% de correspondência, e não entre 50% e 70%.

Mas aí é que entram os demais aspectos. Recapitulando, o mecanismo que gera a orientação sexual ocorre principalmente na

segunda metade da gestação. Ainda que gêmeos monozigóticos possuam DNA idêntico, eles ocupam lugares diferentes na barriga da mãe e podem ter diferenças gestacionais. Além disso, há, sim, fatores ambientais que influenciam, especialmente no caso daqueles indivíduos que não estão nos extremos da escala Kinsey (aquela régua graduada que mencionamos no princípio do capítulo). Por fim, existe o fenômeno da epigenética, que explica que um gene pode se hiperexpressar em um irmão gêmeo e até ser silenciado no outro irmão, seja na gestação, seja no pós-parto. Em resumo, basicamente a mesma coisa observada no que diz respeito a gostar ou não de brócolis. Agora aquela analogia do começo do capítulo parece fazer mais sentido, certo?

EVOLUÇÃO: O BENEFÍCIO DA HOMOSSEXUALIDADE
Embora entre a população ainda haja briga de foice sobre opiniões pessoais acerca da homossexualidade, na comunidade científica (salvo raras exceções) é ponto pacífico que ela não é uma escolha do indivíduo — mesmo que ele pense que é. Existe algo *diferente* em homossexuais, que não é visto em héteros (diferente não significa *melhor* nem *pior*, caso o estimado leitor esteja um pouco distraído hoje). E essa diferença não é meramente comportamental. Um comportamento é uma ação de um indivíduo (ou espécie, quando falamos de etologia, o estudo do comportamento animal) que é determinada por suas experiências e por sua conformação fisiológica, que, por sua vez, deriva da sua genética e lhe confere determinadas orientações, que se expressam em algumas preferências. Portanto, as orientações de uma pessoa (e suas preferências e seus comportamentos) dependem de uma série de fatores interligados tão imbricados que, se fossem explicados em detalhes, colocariam o leitor em dúvida acerca da real existência do livre-arbítrio. E, entre esses fatores, no caso da homossexualidade, há um elemento genético ainda não totalmente compreendido.

Sendo a genética um fator hereditário, podemos elaborar então formas de responder ao questionamento inicial que deu origem a este capítulo: que vantagem tem um grupo de pessoas na população que não irá — ou muito dificilmente irá — se reproduzir? É sabido que primatas antropoides (basicamente todos os macacos do Velho Mundo — babuínos, resos e os grandes símios sem rabo, como gorilas, chimpanzés e humanos) possuem comportamento homossexual não estrito. Isso significa que, quando esse comportamento está presente, observa-se o "gay" fazer sexo ou brincadeiras sexuais com indivíduos do mesmo sexo, mas também com indivíduos do sexo oposto, o que, entre humanos, chamaríamos de bissexualidade. Mas, na verdade, em primatas não humanos nem é possível classificar as coisas desse jeito. Seria uma heterossexualidade com incursões homossexuais eventuais. Essa seria uma forma de retribuir favores e até de estreitar laços sociais. Mesmo nas incursões heterossexuais, a taxa de fecundidade em grandes primatas é proporcionalmente baixa, significando que o sexo recreativo é decerto tão relevante quanto o sexo reprodutivo. Isso já dá uma certa ideia de que "se reproduzir" não é necessariamente o único traço vantajoso do sexo em animais com sociedades complexas, como primatas antropoides.

Esse quadro gerou a hipótese de que a homossexualidade poderia ter a ver com a seleção de parentesco devidamente explicada no nosso primeiro capítulo. Ou seja, membros homossexuais do grupo seriam "babás naturais", que fariam volume no bando sem aumentá-lo, controlando o crescimento populacional e, ao mesmo tempo, cuidando dos filhos de irmãos e irmãs, garantindo que cheguem saudáveis à idade adulta. Esse princípio é bem conhecido dos etólogos, e seu exemplo extremo são as sociedades de abelhas e formigas, nas quais apenas um indivíduo (ou, mais raramente, um punhado de indivíduos) se reproduz, e os demais existem apenas para manter a colmeia ou o formigueiro funcionando, trazendo comida e defendendo o território. Em menor escala, é sabido que várias espécies de mamíferos têm indivíduos que, não tendo filhos, ajudam os parentes a criar os filhos deles.

Uma segunda hipótese que tem apresentado mais robustez, porém, é a de que a homossexualidade seria um "efeito colateral" de alguns genes muito benéficos para a população em geral. Uma das maneiras pelas quais isso poderia acontecer seria a *vantagem heterozigótica*. Nesse caso, se a homossexualidade for determinada por um *cluster* ou agrupamento de alelos no cromossomo X, por exemplo, as mulheres que apresentam esses alelos de forma heterozigota (ou seja, apenas em uma das cópias do DNA) serão mais atrativas sexualmente e mais férteis e terão maior carinho pela prole. Outra possibilidade é que o alelo associado ao comportamento homossexual, quando presente no genoma de uma mulher, aumentaria a intensidade de sua atração pelo sexo oposto e, portanto, sua probabilidade de gerar mais filhos. Já em homozigose, isto é, com todos os alelos para esse traço presentes, esses conjuntos genéticos vão gerar comportamento homossexual no indivíduo como efeito colateral. Isso seria facilmente selecionado pelo ambiente de forma positiva, uma vez que é mais vantajoso ter fêmeas mais férteis e melhores cuidadoras, ainda que eventualmente alguns machos e fêmeas da população desenvolvam um comportamento que gere menos filhos. Trocando em miúdos, é mais vantajoso ter alguns poucos indivíduos (entre 4% e 10%) que se reproduzem pouco ou que não se reproduzem do que ter uma população inteira com fertilidade reduzida. Outra maneira pela qual esse efeito colateral poderia ter se mantido na população é a chamada *seleção antagonista*. Esse mecanismo diz que alelos que podem reduzir o *fitness* (aptidão adaptativa) ou a aptidão reprodutiva de um dos sexos seriam mantidos na população porque eles ajudariam o *fitness* do sexo oposto. Dessa forma, haveria um tipo de "competição genética", que, na prática, aumentaria a atratividade, a fertilidade e o altruísmo em ambos os sexos, ainda que alguns indivíduos acabassem apresentando comportamento homossexual. A partir desse ponto, as duas explicações sobre a homossexualidade ser um efeito colateral levam ao mesmo resultado.

Muitos modelos estatísticos têm sido elaborados, principalmente para tentar determinar quantos alelos seriam necessários para que a herança gerasse a proporção de homossexuais que há na população. Alguns artigos indicam que seriam necessários dois ou três genes agindo em conjunto, mas outros sugerem que apenas um gene poderia ser responsável, desde que esse gene apresentasse *codominância*, e não o padrão básico de dominante/recessivo. Em um gene codominante, ambos os alelos se expressam, ainda que um exerça algum tipo de dominância sobre o outro. Os modelos propostos têm concordado que a hipótese de seleção antagonista se encaixa muito bem no padrão observado na realidade, caso os genes envolvidos estejam realmente nos cromossomos sexuais (X ou Y). Já se os genes estiverem em algum cromossomo não sexual (chamado autossômico), como já foi proposto para os cromossomos 7, 8 e 10, a hipótese de vantagem heterozigótica parece mais adequada.

Ou seja, segundo modelos mais testados atualmente, a homossexualidade seria um efeito colateral de genes que, em heterozigose ou em antagonismo com o sexo oposto, gerariam uma vantagem reprodutiva para a população como um todo. Caso esse modelo continue sendo corroborado por experimentos posteriores, toda a humanidade deve agradecer aos genes que geram a homossexualidade, pois eles ajudam na fertilidade, no altruísmo e no cuidado parental de toda a nossa espécie.

ENSINANDO A ODIAR

O que podemos concluir dos estudos existentes até hoje é que a homossexualidade é comprovadamente um fenômeno natural, presente em diversas espécies de animais sociais. Ao que tudo indica, sua causa é uma mistura de fatores genéticos, epigenéticos, hormonais (na gestação) e ambientais (principalmente em bissexuais) que geram alterações observáveis tanto anatomicamente (no cérebro) quanto no comportamento não sexual. Agora, qual é o problema tão grande que uma infinidade de pessoas vê em gays e lésbicas?

A homossexualidade talvez seja um dos maiores tabus da nossa sociedade atual. Presente em todas as culturas conhecidas, homossexuais foram tratados de maneiras bem diferentes ao longo da história. Ainda que certas sociedades lidassem com eles com má vontade, a maioria tinha alguma explicação espiritual e tentava encaixá-los em alguma função social (mesmo que essa função não fosse exatamente o que eles desejavam, era melhor que função nenhuma – em outras palavras, a morte). Porém, as três grandes religiões monoteístas do mundo contemporâneo usam o Pentateuco como base (judaísmo e cristianismo) ou como inspiração (islamismo), e em seus livros a homossexualidade é colocada como um pecado absurdamente grave e punível com a morte.

Agora, precisamos que o leitor entenda que não estamos aqui fazendo juízo de valor sobre religiões (vale lembrar que, apesar de o Pirula ser ateu convicto, o Reinaldo é católico apostólico praticante). Estamos falando de dados históricos concretos. Desde que essas religiões passaram a dominar a maioria das mentes disponíveis ao redor do mundo, a vida dos homossexuais se tornou um inferno na Terra. Isso não é uma opinião, é um dado observável, que não envolve subjetividades, seja você religioso ou não.

Nos últimos 2 mil anos, homossexuais têm sido torturados, mortos, perseguidos e humilhados por um tipo de ódio sectário, tornando *impossível* isentar a religião como principal força motriz promotora desse pensamento. Isso significa que os monoteísmos não espalharam nada de bom? De forma alguma. Tampouco significa que *todos* os religiosos atuais são homofóbicos. Muitas pessoas religiosas na atualidade (a maioria, talvez) sabem muito bem integrar sua fé pessoal com a tolerância. Mas as estatísticas não mentem: foi com a religião que surgiu a ideia de homofobia, e esse pensamento se espalhou pelo mundo e pelas sociedades de mãos dadas com o avanço dos monoteísmos. Um exemplo sempre citado é o de muitos países africanos que, quando possuíam um sistema de religião animista, aceitavam e toleravam bem os homossexuais, mas que passaram a perseguir essas pessoas quando adotaram o cristianismo ou o islã (por exemplo, em 2013, Uganda aprovou uma lei — em seguida considerada anticonstitucional — segundo a qual ser homossexual era crime punível com morte ou prisão perpétua).

Estudos recentes indicam que, quanto mais as pessoas são convencidas de que há um fator genético/inato nas preferências sexuais, mais elas passam a ser compreensivas com desvios da preferência-padrão (heterossexual) e menos tendem a achar que isso pode ser mudado com "tratamentos" nefastos como os de reorientação sexual (a tal "cura gay"), que comprovadamente geram traumas e danos psicológicos nos pacientes, além de levá-los a "trocar" sua orientação sexual apenas para fins sociais (não afetando, assim, as reais preferências dessas pessoas). Ou seja, quanto menos a população for seduzida a acreditar nesses tratamentos, melhor para gays, lésbicas, transgêneros e outras variantes minoritárias, pois menor o risco de esses procedimentos serem oficializados por governantes mirando a opinião pública em busca de votos. Por isso, é bom que as pessoas saibam o que a ciência diz sobre homossexuais.

Ao mesmo tempo, um pensamento absurdamente determinista pode ser prejudicial, pois aumenta a crença em alguns traços estereotípicos de gays e lésbicas (o que torna os homossexuais que fogem desses estereótipos alvos de preconceito duplo). Além disso, quando se extrapola o determinismo biológico para outros fatores, como o racial ou a propensão ao crime (obviamente sem o devido debate), isso pode ter um efeito desastroso na definição de políticas públicas e agravar mais ainda o preconceito contra parcelas significativas da população. Os pesquisadores pioneiros no estudo de diferenças cerebrais entre gays e héteros sofreram ameaças e críticas públicas por estarem contribuindo para uma possível "patologização" da homossexualidade com suas pesquisas, uma crítica que é, pelo menos em parte, plausível quando se olha em retrospectiva para os trabalhos eugênicos de Mengele e companhia no começo do século XX (o famoso médico de Hitler, que realizou centenas de

experimentos cruéis e de relevância duvidosa, basicamente guiados pelo racismo que fundamentava as ideias eugenistas). Não que isso ajude a reduzir o peso das críticas, mas LeVay é abertamente gay e militante LGBT até hoje (2019, quando este livro foi publicado). Portanto, ainda que convencer as pessoas de que a homossexualidade é inata possa reduzir drasticamente o preconceito e aumentar a empatia da população mais tradicionalista para com as causas LGBT, se não houver o devido debate (explicando como a genética *efetivamente* funciona, e não tratando-a da forma caricata que predomina na imaginação das pessoas), esse tipo de pensamento pode piorar o preconceito em outras esferas.

Contudo, a opinião pública não pode mudar fatos objetivos, e as pesquisas indicam que há efetivamente uma tendência inata para a orientação sexual (qualquer que seja: hétero, homo, *total flex*, assexual etc.). E, ainda que o fator ambiental envolvido pareça ter de fato menor peso que o fator genético/congênito, é importante que essas variáveis sejam colocadas no debate e nas explicações dadas ao público, para evidenciar que nada é preto no branco quando falamos dessa espécie muito peculiar de primata que nós somos. Isso ajuda a "encaixar" as exceções (ou seja, a minoria da minoria), que ficam de fora numa explicação totalmente determinista (e errônea, diga-se de passagem).

A homossexualidade é inerente a uma minoria significativa de todas as populações humanas existentes e pretéritas, e seguramente as futuras também. Não é algo contra o qual *possamos* lutar, e, dada a ausência de malefícios para os demais indivíduos da sociedade, acreditamos que não seja algo contra o qual *devamos* lutar. A ciência tem feito grandes progressos no processo de entender esse fenômeno riquíssimo que é a sexualidade humana e seus usos como formadora e mantenedora de laços sociais. Resta a uma parte da sociedade entender que não é justo penalizar inocentes por crimes inexistentes. A ciência, hoje, sabe que orientação sexual não pode ser ensinada. Mas o ódio pode. E o respeito também.

REFERÊNCIAS

Sobre a origem da palavra mulato
CHASTAN, Lita. *Por que América?* São Paulo: Editora do Escritor, 1974.

FORBES, Jack. *Africans and native Americans*: the language of race and the evolution of Red-Black peoples. Champaign, IL: University of Illinois Press, 1993.

Sobre o gosto de brócolis e dos demais alimentos ser diferente de pessoa para pessoa e suas explicações evolutivas
AMES, Bruce; PROFET, Margie; SWIRSKY GOLD, Lois. Dietary pesticides (99.99% all natural). *Proceedings of the National Academy of Sciences*, v. 87, p. 7777-7781, 1990.

DREWNOWSKI, Adam; GOMEZ-CARNEROS, Carmen. Bitter taste, phytonutrients, and the consumer: a review. *American Journal of Clinic Nutrition*, v. 72, n. 6, p. 1424-1435, 2000.

LIPCHOCK, Sarah et al. Human bitter perception correlates with bitter receptor messenger RNA expression in taste cells. *The American Journal of Clinic Nutrition*, v. 98, n. 4, p. 1136-1143, 2013.

RISSO, Davide et al. Global diversity in the TAS2R38 bitter taste receptor: revisiting a classic evolutionary PROPosal. *Scientific Reports*, v. 6, n. 25506, 2016. Disponível em: https://www.nature.com/articles/srep25506. Acesso em: 26 dez. 2018.

WIECZOREK, Martyna; WALCZAK, Michał; SKRZYPCZAK-ZIELIŃSKA, Marzena. Bitter taste of *Brassica* vegetables: the role of genetic factors, receptors, isothiocyanates, glucosinolates, and flavor context. *Critical Reviews in Food Science and Nutrition*, v. 58, n. 2, p. 1-43, 2017.

Sobre a origem endócrina da homossexualidade ser um mecanismo parecido com o que gera a transexualidade
BAO, Ai-Min; SWAAB, Dick. Sexual differentiation of the human brain: relation to gender identity, sexual orientation and neuropsychiatric disorders. *Frontiers in Neuroendocrinology*, v. 32, n. 2, p. 214-226, 2011.

Sobre gays "darem pinta" e isso ser identificável com bastante precisão, ainda que não todas as vezes, em adultos e crianças
BAILEY, Michael; ZUCKER, Kenneth. Childhood sex-typed behavior and sexual orientation: a conceptual analysis and quantitative review. *Developmental Psychology*, v. 31, n. 1, p. 43-55, 1995.

BARTLETT, Nancy; VASEY, Paul L. A retrospective study of childhood gender-atypical behavior in Samoan fa'afafine. *Archives of Sexual Behavior*, v. 35, n. 6, p. 659-666, 2006.

CARDOSO, Fernando Luiz. Cultural universals and differences in male homosexuality: the case of a Brazilian fishing village. *Archives of Sexual Behavior*, v. 34, n. 1, p. 103-109, 2005.

JOHNSON, Kerri et al. Swagger, sway, and sexuality: judging sexual orientation from body motion and morphology. *Journal of Personality and Social Psychology*, v. 93, n. 3, p. 321-334, 2007.

LIPPA, Richard A. Sex differences and sexual orientation differences in personality: findings from the BBC Internet survey. *Archives of Sexual Behavior*, v. 37, n. 1, p. 173-187, 2008.

LIPPA, Richard; TAN, Francisco. Does culture moderate the relationship between sexual orientation and gender-related personality traits? *Cross-Cultural Research*, v. 35, n. 1, p. 65-87, 2001.

RIEGER, Gerulf et al. Sexual orientation and childhood gender nonconformity: evidence from home videos. *Developmental Psychology*, v. 44, n. 1, p. 46-58, 2008.

ROTTNEK, Matthew (Org.). *Sissies and tomboys: gender nonconformity and homosexual childhood reliability*. Nova York: New York University Press, 1999.

VALENTOVA, Jaroslava et al. Judgments of sexual orientation and masculinity-femininity based on thin slices of behavior: a cross-cultural comparison. *Archives of Sexual Behavior*, v. 40, n. 6, p. 1145-1152, 2011.

WHITAM, Frederick. The prehomosexual male child in three societies: the United States, Guatemala, Brazil. *Archives of Sexual Behavior*, v. 9, n. 2, p. 87-99, 1980.

Sobre diferenças cerebrais entre homos e héteros

ALLEN, Laura; GORSKI, Roger. Sexual orientation and the size of the anterior commissure in the human brain. *Proceedings of the National Academy of Sciences*, v. 89, n. 15, p. 7199-7202, 1992.

CHADDA, Rakesh; SHARMA, Mona; KUMAR, Anand. Male Behaviors III: Brain polymorphism and sexual orientation. In: KUMAR, Anand; SHARMA, Mona (Org.). *Basics of human andrology*. Singapura: Springer, 2017. p. 341-347.

HU, Shaohua et al. Patterns of brain activation during visually evoked sexual arousal differ between homosexual and heterosexual men. *American Journal of Neuroradiology*, v. 29, n. 10, p. 1890-1896, 2008.

LEVAY, Simon. A difference in hypothalamic structure between heterosexual and homosexual men. *Science*, v. 253, n. 5023, p. 1034-1037, 1991.

PAUL, Thomas et al. Brain response to visual sexual stimuli in heterosexual and homosexual males. *Human Brain Mapping*, v. 29, n. 6, p. 726-735, 2008.

POEPPL, Timm et al. A neural circuit encoding sexual preference in humans. *Neuroscience and Biobehavioral Reviews*, v. 68, p. 530-536, 2016.

SAFRON, Adam et al. Neural correlates of sexual orientation in heterosexual, bisexual, and homosexual men. *Scientific Reports*, v. 7, n. 41314, 2017. Disponível em: https://www.nature.com/articles/srep41314. Acesso em: 26 dez. 2018.

SAVIC, Ivanka; BERGLUND, Hans; LINDSTRÖM, Per. Brain response to putative pheromones in homosexual men. *Proceedings of the National Academy of Sciences*, v. 102, n. 20, p. 7356-7361, 2005.

SAVIC, Ivanka; LINDSTRÖM, Per. PET and MRI show differences in cerebral asymmetry and functional connectivity between homo- and heterosexual subjects. *Proceedings of the National Academy of Sciences*, v. 105, n. 27, p. 9403-9408, 2008.

SWAAB, Dick; HOFMAN, Michel A. An enlarged suprachiasmatic nucleus in homosexual men. *Brain Research*, v. 537, n. 1-2, p. 141-148, 1990.

Sobre o modelo de Paul MacLean, que divide o cérebro em áreas evolutivas

MACLEAN, Paul. *The triune brain in evolution*: role in paleocerebral functions. Nova York: Springer, 1990.

Sobre os últimos catorze anos de estudos acerca de ressonâncias magnéticas funcionais poderem ser invalidados por um *bug* do *software*

EKLUND, Anders; NICHOLS, Thomas; KNUTSSON, Hans. Cluster failure: why fMRI inferences for spatial extent have inflated false-positive rates. *Proceedings of the National Academy of Sciences*, v. 113, n. 28, p. 7900-7905, 2016.

[Correction for EKLUND et al. Cluster failure: Why fMRI inferences for spatial extent have inflated false-positive rates. *Proceedings of the National Academy of Sciences*, v. 113, n. 33, E4929, 2016. Disponível em: https://doi.org/10.1073/pnas.1612033113. Acesso em: 26 dez. 2018.]

MUELLER, Karsten et al. Commentary: Cluster failure: why fMRI inferences for spatial extent have inflated false-positive rates. *Frontiers in Human Neuroscience*, v. 11, n. 345, 2017. Disponível em: https://doi.org/10.3389/fnhum.2017.00345. Acesso em: 26 dez. 2018.

MUMFORD, Jeanette et al. Keep calm and scan on. *Organization for Human Brain Mapping Blog*, 2016. Disponível em: https://www.ohbmbrainmappingblog.com/blog/keep-calm-and-scan-on. Acesso em: 25 maio 2018.

Sobre as políticas do Irã em relação a homossexuais e transexuais

BAGRI, Neha. "Everyone treated me like a saint" — In Iran, there's only one way to survive as a transgender person. *QUARTZ*. 2017. Disponível em: https://qz.com/889548/everyone-treated-me-like-a-saint-in-iran-theres-only-one-way-to-survive-as-a-transgender-person. Acesso em: 25 maio 2018.

Sobre produção hormonal na gravidez e homossexualidade
EHRHARDT, Anke et al. Sexual orientation after prenatal exposure to exogenous estrogen. *Archives of Sexual Behavior*, v. 14, n. 1, p. 57-77, 1985.
GARCIA-FALGUERAS, Alicia; SWAAB, Dick. Sexual hormones and the brain: an essential alliance for sexual identity and sexual orientation. In: LOCHE, Sandro et al. (Org.). *Pediatric neuroendocrinology*. Basileia: Karger, 2010. p. 22-35. (Endocrine Development, v. 17).
HINES, Melissa. Prenatal endocrine influences on sexual orientation and on sexually differentiated childhood behavior. *Frontiers in Neuroendocrinology*, v. 32, n. 2, p. 170-182, 2011.
SAVIC, Ivanka; GARCIA-FALGUERAS, Alicia; SWAAB, Dick. Sexual differentiation of the human brain in relation to gender identity and sexual orientation. *Progress in Brain Research*, v. 186, p. 41-62, 2010.

Sobre outros mamíferos também terem comportamento sexual diverso
ABBOTT, David H. et al. Androgen excess fetal programming of female reproduction: a developmental aetiology for polycystic ovary syndrome? *Human Reproduction Update*, v. 11, n. 4, p. 357-374, 2005.
OLVERA-HERNÁNDEZ, Sandra; FERNÁNDEZ-GUASTI, Alonso. Perinatal administration of aromatase inhibitors in rodents as animal models of human male homosexuality: similarities and differences. In: ANTONELLI, Marta (Org.). *Perinatal programming of neurodevelopment*. Nova York: Springer, 2014. p. 381-406.
PHOENIX, Charles. Organizing action of prenatally administered testosterone propionate on the tissues mediating mating behavior in the female guinea pig. *Hormones and Behavior*, v. 55, n. 5, p. 566, 2009.
SOMMER, Volker; VASEY, Paul (Org.). *Homosexual behaviour in animals*: an evolutionary perspective. Cambridge, MA: Cambridge University Press, 2006.
VASEY, Paul. Homosexual behavior in primates: a review of evidence and theory. *International Journal of Primatology*, v. 16, n. 2, p. 173-204, 1995.

Estudos sobre homossexualidade e irmãos gêmeos ou não gêmeos
BAILEY, Michael; BELL, Alan. Familiality of female and male homosexuality. *Behavior Genetics*, v. 23, n. 4, p. 313-322, 1993.
BAILEY, Michael; BENISHAY, Deana. Familial aggregation of female sexual orientation. *The American Journal of Psychiatry*, v. 150, n. 2, p. 272-277, 1993.
BAILEY, Michael; DUNNE, Michael; MARTIN, Nicholas. Genetic and environmental influences on sexual orientation and its correlates in an Australian twin sample [personality processes and individual differences]. *Journal of Personality and Social Psychology*, v. 78, n. 3, p. 524-536, 2000.

BAILEY, Michael; PILLARD, Richard. A genetic study of male sexual orientation. *Archives of General Psychiatry*, v. 48, n. 12, p. 1089-1096, 1991.

LÅNGSTRÖM, Niklas et al. Genetic and environmental effects on same-sex sexual behavior: a population study of twins in Sweden. *Archives of Sexual Behavior*, v. 39, p. 75-80, 2010.

SEGAL, Nancy. *Born together – reared apart*: the landmark Minnesota twin study. Cambridge, MA: Harvard University Press, 2012.

WHITAM, Frederick; DIAMOND, Milton; MARTIN, James. Homosexual orientation in twins: a report on 61 pairs and three triplet sets. *Archives of Sexual Behavior*, v. 22, n. 3, p. 187-206, 1993.

Estudos que incluem outros graus de parentesco (o segundo artigo é o que propõe o lance do cromossomo X)

HAMER, Dean et al. A linkage between DNA markers on the X chromosome and male sexual orientation. *Science*, v. 261, n. 5119, p. 312-327, 1993.

PATTATUCCI, Angela; HAMER, Dean. Development and familiality of sexual orientation in females. *Behavior Genetics*, v. 25, n. 5, p. 407-420, 1995.

Sobre homossexualidade e genética (e epigenética)

BALTHAZART, Jacques. Genetic and prenatal components of homosexuality. In: SHACKELFORD, Todd; WEEKES-SHACKELFORD, Viviana (Org.). *Encyclopedia of evolutionary psychological science*. Nova York: Springer, 2017. p. 1-4.

CRAIG, Ian; HARPER, Emma; LOAT, Caroline. The genetic basis for sex differences in human behaviour: role of the sex chromosomes. *Annals of Human Genetics*, v. 68, p. 269-284, 2004.

NGUN, Tuck et al. The genetics of sex differences in brain and behavior. *Frontiers in Neuroendocrinology*, v. 32, n. 2, p. 227-246, 2011.

NGUM, Tuck; VILAIN, Eric. The biological basis of human sexual orientation: is there a role for epigenetics? *Advances in Genetics*, v. 86, p. 167-184, 2014.

Epigenética (em linhas bem gerais)

BIRD, Adrian. Perceptions of epigenetics. *Nature*, v. 447, p. 396-398, 2007.

HOLLIDAY, Robin. Epigenetics: a historical overview. *Epigenetics*, v. 1, n. 2, p. 76-80, 2006.

Sobre as explicações evolutivas para a homossexualidade

BURRI, Andrea; SPECTOR, Tim; RAHMAN, Qazi. Common genetic factors among sexual orientation, gender nonconformity, and number of sex

partners in female twins: implications for the evolution of homosexuality. *Journal of Sexual Medicine*, v. 12, n. 4, p. 1004-1011, 2015.

CAMPERIO-CIANI, Andrea; CERMELLI, Paolo; ZANZOTTO, Giovanni. Sexually antagonistic selection in human male homosexuality. *PLoS ONE*, v. 3, n. 6, 2008. Disponível em: https://doi.org/10.1371/journal.pone.0002282. Acesso em: 26 dez. 2018.

CAMPERIO-CIANI, Andrea; CORNA, Francesca; CAPILUPPI, Claudio. Evidence for maternally inherited factors favouring male homosexuality and promoting female fecundity. *Proceedings of the Royal Society B: Biological Sciences*, v. 271, n. 1554, p. 2217-2221, 2004.

GAVRILETS, Sergey; RICE, William. Genetic models of homosexuality: generating testable predictions. *Proceedings of the Royal Society B: Biological Sciences*, v. 273, n. 1605, p. 3031-3038, 2006.

HU, Stella et al. Linkage between sexual orientation and chromosome Xq28 in males but not in females. *Nature Genetics*, v. 11, p. 248-256, 1995.

KIRKPATRICK, R. The evolution of human homosexual behavior. *Current Anthropology*, v. 41, n. 3, p. 385-413, 2000.

MCKNIGHT, Jim. *Straight science?* homosexuality, evolution and adaptation. Londres; Nova York: Routledge, 2003.

MILLER, Edward. Homosexuality, birth order, and evolution: toward an equilibrium reproductive economics of homosexuality. *Archives of Sexual Behavior*, v. 29, n. 1, p. 1-34, 2000.

ROUGHGARDEN, Joan. Homosexuality and evolution: a critical appraisal. In: TIBAYRENC, Michel; AYALA, Francisco (Org.). *On human nature*: biology, psychology, ethics, politics, and religion. Londres: Academic Press, 2017. p. 495-516.

Sobre a forma como a homossexualidade era encarada na África antes dos monoteísmos e como a homofobia aumentou por intermédio deles

ALAVA, Henni. Homosexuality, the holy family and a failed mass wedding in Catholic Northern Uganda. *Critical African Studies*, v. 9, n. 1, p. 32-51, 2016.

ALIMI, Bisi. If you say being gay is not African, you don't know your history. *The Guardian*. 2015. Disponível em: https://www.theguardian.com/commentisfree/2015/sep/09/being-gay-african-history-homosexuality-christianity. Acesso em: 31 maio 2018.

HARRIS, Dylan. Death by Injustice: Uganda's anti-homosexuality laws, Christian fundamentalism, and the politics of global power. *The Catalyst*, v. 3, n. 1, art. 4, 2013. Disponível em: https://doi.org/10.18785/cat.0301.04. Acesso em: 26 dez. 2018.

KAOMA, Kapya. *Colonizing African values:* how the U.S. Christian right is transforming sexual politics in Africa. Somerville, MA: Political Research Associates, 2012.

SEO, Hyeon-Jae. The origins and consequences of Uganda's brutal homophobia. *Harvard International Review*. 2017. Disponível em: http://hir.harvard.edu/article/?a=14531. Acesso em: 31 maio 2018.

WIERINGA, Saskia Eleonora. Postcolonial amnesia: sexual moral panics, memory, and imperial power. In: HERDT, Gilbert (Org.). *Moral panics, sex panics*: fear and the fight over sexual rights. Nova York: New York University Press, 2009. p. 205-233.

Sobre a opinião pública acerca de homossexuais quando apontada a questão genética

DAR-NIMROD, Ilan; HEINE, Steven. Genetic essentialism: on the deceptive determinism of DNA. *Psychological Bulletin – American Psychological Association*, v. 137, n. 5, p. 800-818, 2011.

JOSLYN, Mark; HAIDER-MARKEL, Donald. Genetic attributions, immutability, and stereotypical judgments: an analysis of homosexuality. *Social Science Quarterly*, v. 97, n. 2, p. 376-390, 2016.

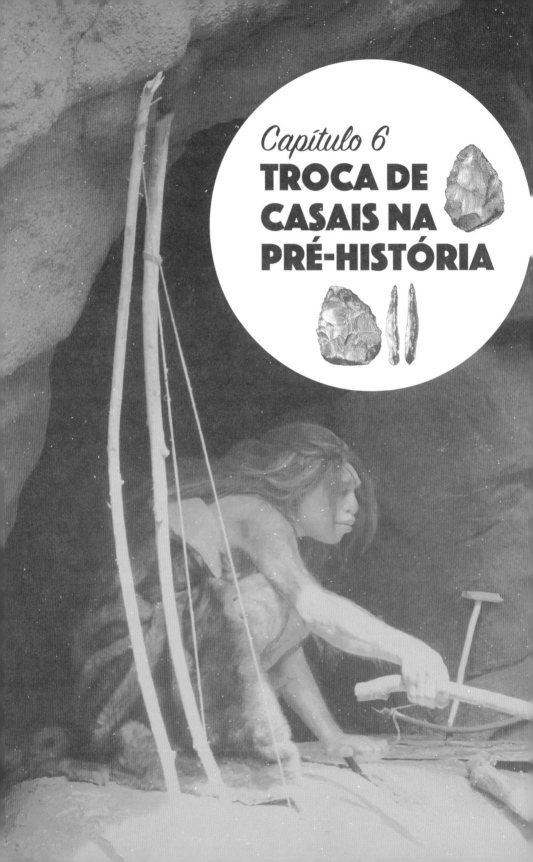

Capítulo 6
TROCA DE CASAIS NA PRÉ-HISTÓRIA

A história deste capítulo começa em certa madrugada do ano de 1996. As ruas de Munique, na Alemanha, já estavam quietas e quase desertas quando o cientista sueco Svante Pääbo finalmente foi para a cama. Não fazia muito tempo que ele tinha pegado no sono quando o telefone tocou.

"Não é humano", disse a voz do outro lado da linha.

"Estou indo", respondeu Pääbo.

Não, o sueco não foi o primeiro cientista a travar contato com um ET – embora tenha chegado bem perto disso, dependendo de como a gente considera a situação. O telefonema daquela madrugada tinha sido feito pelo estudante de pós-graduação Matthias Krings, que ficou trabalhando até tarde no laboratório de Pääbo na Universidade de Munique (sabe como é, orientador de mestrado e doutorado às vezes explora a galera, ainda que seja para o bem da futura carreira científica do aluno...). Krings acabara de identificar pela primeira vez fragmentos de DNA de um neandertal (*Homo neanderthalensis*), talvez o parente mais próximo dos seres humanos de hoje, cuja espécie desapareceu da face da Terra cerca de 30 mil anos atrás, durante o Pleistoceno (ou Era do Gelo, para os íntimos).

168 · *Capítulo 6*

Esse primeiro pedacinho de material genético não significava quase nada — valeu só pelo privilégio de dizer ao mundo: "Uau, senhoras e senhores, contemplem este DNA de neandertal!". Mesmo assim, foi o pontapé inicial para que Pääbo, hoje pesquisador do Instituto Max Planck de Antropologia Evolutiva em Leipizig (Alemanha), acabasse coordenando um dos feitos científicos mais impressionantes dos últimos anos.

Aos trancos e barrancos, ele e seus colegas conseguiram montar um rascunho de todo o genoma dos neandertais. São mais ou menos 3 bilhões de pares de letras químicas do DNA de uma espécie extinta, os quais, de modo geral, são muito similares ao que se vê no genoma que todos nós carregamos em nossas células. Muito similares, sim, mas não idênticos: até os sujeitos atuais mais diferentes entre si que a gente é capaz de imaginar — um pigmeu da África Equatorial *versus* um inuíte (conhecido popularmente como "esquimó") da Groenlândia, digamos — são bem mais próximos geneticamente um do outro do que um neandertal e qualquer um de nós.

E, no entanto, bilhões de pessoas vivas em 2018 ainda carregam, no núcleo de suas células, pedacinhos de DNA que um dia estiveram no organismo de neandertais que caçavam renas em plena França no Pleistoceno. Em algum momento, há dezenas de milhares de anos, eles e alguns de nossos ancestrais se encontraram, fizeram sexo e tiveram bebês mestiços.

O próprio Pääbo ficou de queixo caído com esse resultado, diga-se de passagem — os dados preliminares de DNA que ele tinha conseguido obter ao longo de décadas de carreira pareciam indicar que essa hibridização (nome horroroso, a gente sabe, mas é o termo mais correto) teria sido impossível. Foi apenas em virtude do esforço gigantesco dedicado a obter a sequência completa do genoma neandertal (uma brincadeirinha que custou cerca de 10 milhões de euros) que se tornou clara a presença de pequenas quantidades de material genético deles no núcleo das células de seres humanos modernos.

E a equipe do Max Planck ficou ainda mais embasbacada quando se deu conta de que ao menos outro episódio de hibridização entre diferentes espécies humanas parecia ter ocorrido, afetando até hoje a composição genética de habitantes da Ásia e da Oceania. Nesse segundo caso, a população que se misturou com o *Homo sapiens* é tão misteriosa que ainda nem recebeu um nome científico formal. Eles são conhecidos apenas como *denisovanos*, em referência à caverna de Denisova, na Sibéria, único lugar onde seus parcos restos mortais foram encontrados até hoje. Dadas as surpresas nesse ramo de pesquisa, não se pode descartar que situações reprodutivas ainda mais estranhas tenham ocorrido conforme nossos ancestrais se espalhavam pelo planeta — tudo indica que, naquela época, eles não tinham muito preconceito quando o assunto era namoro.

Nas próximas páginas, a gente explica exatamente como Pääbo e companhia resgataram o DNA de nossos primos extintos do céu das moléculas orgânicas e como chegaram a suas conclusões sobre esse *ménage à trois* pré-histórico. Primeiro, porém, é preciso colocar os fósseis no mapa-múndi e explicar o que os paleoantropólogos — o pessoal que estuda a evolução humana — querem dizer quando afirmam que neandertais e denisovanos pertenciam a espécies diferentes da nossa.

Antes de continuarmos, um parêntese: é possível que você tenha estranhado o fato de não chamarmos os neandertais de "nossos ancestrais". Bem, é claro que eles também o são, de modo minoritário — a menos que o nobre leitor seja 100% africano. Mas a razão principal que nos leva a não designá-los assim é a trajetória evolutiva separada das duas espécies. A imensa maioria de nossos ancestrais viveu algumas centenas de milhares de anos na África antes de se aventurar pelo resto do mundo, e temos os fósseis intermediários para provar; já os neandertais, isolados de nossos tataravós durante um período equivalente de tempo, desenvolveram suas características anatômicas e genéticas únicas principalmente na Europa, e só encontramos fósseis deles fora da Europa, rompendo esse isolamento, no fim da Era do Gelo.

A TERRA-MÉDIA ERA AQUI

Uns 200 mil anos atrás, antes que os seres humanos de anatomia moderna começassem a deixar seu continente de origem, a África, a situação do nosso planeta poderia muito bem ser comparada à de clássicos de fantasia como *O Senhor dos Anéis* e *Game of Thrones* (e claro que a ideia de fazer essa comparação foi do Reinaldo, que é tão *nerd* que estuda élfico e fez doutorado sobre a obra de J.R.R. Tolkien). Assim como nessas histórias, a Terra estava povoada por uma variedade considerável de espécies inteligentes, e o *Homo sapiens* era apenas um dos membros da lista. Todas essas criaturas podem ser chamadas de *hominíneos*, termo que tradicionalmente designa o grupo formado pelos humanos modernos e por seus ancestrais e parentes mais próximos depois que nossa linhagem se separou da que conduziu aos chimpanzés. E todas pertenciam (e uma ainda pertence) ao gênero *Homo* — portanto, não estranhe quando chamarmos essa turma toda de "humanos".

Descontando as Américas e a Oceania, então sem habitantes do grupo dos hominíneos, havia primos nossos em tudo quanto era canto. No Extremo Oriente, em lugares como China e Indonésia, ainda subsistiam pequenas populações de *Homo erectus*, uma criatura bastante arcaica para os padrões das demais espécies — calcula-se que seus ancestrais teriam deixado o continente africano por volta de 1,7 milhão de anos atrás, e seu cérebro tinha apenas uns dois terços do tamanho do nosso, embora seu esqueleto *pós-craniano* (ou seja, do pescoço para baixo) fosse bastante similar ao dos hominíneos que vieram depois.

Também no arquipélago indonésio, na ilha de Flores (assim chamada porque foi descoberta por portugueses, ora pois), provavelmente havia então o membro mais esquisito e misterioso do grupo. Trata-se do *Homo floresiensis* ou, se você entrou na *vibe* meio *O Senhor dos Anéis* do Reinaldo, o "hobbit". Sério, esse apelido veio dos próprios descobridores desses fósseis, que os revelaram ao mundo pela primeira vez em 2004. Sim, eles eram *muito* baixinhos, medindo apenas cerca de um metro, com cérebro de tamanho equivalente ao de um chimpanzé. Portavam instrumentos de pedra com os quais caçavam parentes miniaturizados dos elefantes e ratos gigantes (e cada palavra dessa frase tem comprovação arqueológica, acredite). Alguns paleoantropólogos defendem que os hobbits de Flores na verdade eram indivíduos que sofriam de algum tipo de anomalia de origem genética ou causada por infecções, sendo equivalentes a pessoas de hoje com microcefalia, por exemplo. Na opinião da maioria dos pesquisadores, porém, eles realmente eram uma espécie diferente da nossa.

A situação começa a embolar quando chegamos às vastas regiões da África, da Europa, do Oriente Médio e da Ásia Central. Sabemos que o *Homo sapiens* de anatomia moderna surgiu no continente africano, talvez na África Oriental (atuais Etiópia, Tanzânia etc.). Entretanto, é possível que membros do gênero *Homo* com características mais arcaicas tenham sobrevivido por bastante tempo por lá também — tudo depende dos critérios usados para analisar os fósseis. Não temos como dizer muita coisa a respeito dos misteriosos denisovanos, fora os detalhes de seu genoma, porque seus restos fósseis achados até hoje são ridiculamente raros: três dentes molares e o pedacinho de um dedo. Mais nada — só foi possível identificá-los como uma forma peculiar de hominíneo graças ao DNA. As pistas genéticas sugerem que talvez eles estivessem espalhados por um pedaço considerável do centro-leste da Ásia quando os humanos modernos finalmente apareceram por lá (a gente explica o porquê em breve).

E na Europa? Nesse continente, o reinado dos neandertais parece ter sido absoluto por mais de 100 mil anos, desde a origem dessa população de hominíneos (que só fica clara, a julgar pelas características dos fósseis, entre 300 mil e 200 mil anos atrás). Os neandertais também tinham forte presença no Oriente Médio, com fósseis achados em locais como o famo-

172 · *Capítulo 6*

so monte Carmelo, em Israel. E pesquisas mais recentes têm indicado que o *Homo neanderthalensis* chegou também à região de Denisova e a outras paragens da Ásia Central, nas vizinhanças do atual Cazaquistão.

Ou seja, os neandertais provavelmente eram os hominíneos com a distribuição geográfica mais ampla entre toda essa parentela que a gente acabou de conhecer. Seu cérebro era tão grande quanto o nosso ou até ligeiramente maior. Por outro lado, havia várias diferenças importantes no próprio formato do crânio: o deles era largo e baixo se comparado com o nosso, que é bem mais redondinho. A testa era "recuada", inclinada para trás, as arcadas supraciliares (*grosso modo*, o osso das sobrancelhas) eram espessas e salientes e, para completar o quadro, eles não tinham queixo — para sermos mais exatos, o formato proeminente do osso que forma o nosso queixo não estava presente neles. A face, de modo geral, pareceria ter sido projetada para a frente do nosso ponto de vista, como se o rosto fosse feito de massa de modelar e alguém tivesse dado um puxão no pedaço entre o nariz e a boca. E as proporções dos membros também eram peculiares, com braços e pernas relativamente curtos e troncos largos — sujeitos baixinhos e parrudos, em suma.

O.k., todo mundo pronto para a complicação? Afinal de contas, como saber se estamos falando mesmo de uma grande variedade de espécies diferentes? Não poderiam ser grupos étnicos, variações "raciais" de uma só espécie, a humana? Pois, se os neandertais conseguiram se acasalar com certos *Homo sapiens* e deixaram descendentes férteis, cujos tataranetos estão por aí até hoje, e se o mesmo vale para os denisovanos, esse papo de espécie diferente não é meio dramático demais?

AFINAL, O QUE É UMA ESPÉCIE?

Bom, seria meio exagero seguirmos apenas aquela definição clássica, o chamado *conceito biológico de espécie*, que usa como tira-teima justamente a capacidade de produzir descendentes

A VARIAÇÃO DE FORMA DOS CRÂNIOS DE HUMANOS MODERNOS E DE SEUS PARENTES MAIS PRÓXIMOS

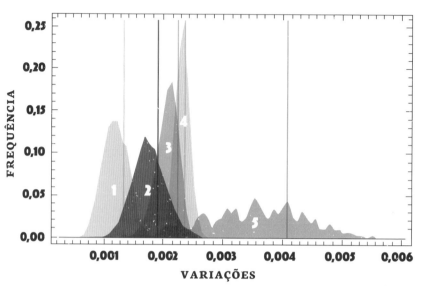

LEGENDA
1. Neandertais
2. Humanos anatomicamente modernos do Paleolítico Superior (de 50 mil a 12 mil anos atrás)
3. Membros arcaicos do gênero *Homo* (denisovanos e outros)
4. Humanos atuais
5. Primeiros humanos anatomicamente modernos (de 200 mil anos atrás a 100 mil anos atrás)

1) No eixo horizontal do gráfico, temos uma representação do grau de variação de formato do crânio de diferentes hominídeos recentes, que viveram de 1 milhão de anos atrás até hoje.

2) O eixo vertical do gráfico mapeia a frequência com que aparece determinado tipo de crânio em cada espécie.

Repare na distância entre os neandertais e as formas antigas e atuais de humanos modernos no gráfico. A maior parte da variação na forma do crânio encontrada entre eles não está presente em nenhum tipo conhecido de Homo sapiens.

férteis para afirmar que dois indivíduos pertencem à mesma espécie. A questão é que o mundo real é bem mais complicado do que esse conceito deixa entrever. É verdade que *H. sapiens*, *H. neanderthalensis* e denisovanos descendem de um ancestral comum, de origem africana, que teria vivido há pouco menos de 1 milhão de anos (provavelmente o *Homo heidelbergensis*; já tratamos dele no capítulo 2, lembra?). Mas um ponto importante a se considerar é que há diferenças significativas entre os membros do trio, tanto do ponto de vista anatômico – no formato dos ossos – quanto do genético.

As características típicas de neandertais e denisovanos não se encaixam totalmente na *variabilidade* que vemos entre os humanos anatomicamente modernos do presente e do passado. Isso significa aquela coisa que a gente mencionou no começo do capítulo: se você pegar quaisquer pessoas vivas hoje, elas serão bem mais semelhantes entre si, sempre, do que um neandertal ou denisovano seria parecido com elas. Se as características desses hominíneos fossem um gráfico, daqueles com eixo X e eixo Y, que a gente aprende a montar no ensino médio, seria impossível encaixar os hominíneos *arcaicos* no gráfico dos humanos modernos – eles ficariam, em parte, "para fora" do gráfico. (Usamos o termo "arcaico" com um significado preciso: neandertais e demais espécies citadas, fora a nossa, parecem-se mais com o padrão mais antigo da morfologia dos hominíneos; nós é que somos os "diferentões" da história.)

Agora, vamos pensar um pouco do ponto de vista genético. É verdade que cães e gatos não conseguem cruzar nem produzir filhotes, embora tenham um ancestral comum que viveu há dezenas de milhões de anos: a diferença genética entre as duas espécies é grande demais (além de elas não se suportarem, claro). Já tigres e leões conseguem se reproduzir, e relatos de híbridos na natureza foram feitos séculos atrás na Índia. Atualmente, as duas espécies não vivem juntas em ambiente selvagem, pois sua área de ocorrência foi drasticamente reduzida, e onde sobraram leões

não há tigres, e vice-versa. Essas espécies, hoje, só se reproduzem entre si muito ocasionalmente, em cativeiro, e os bebês que acabam nascendo dessas uniões são quase sempre estéreis – ou seja, a semelhança genética é bem maior, mas ainda não é suficiente para gerar uma população híbrida fértil estável (os híbridos férteis de que se tem notícia são geralmente fêmeas e têm uma taxa de fecundidade muito baixa).

Outro exemplo de espécies diferentes a partir das quais o cruzamento ocasional até gera híbridos férteis é o caso de duas raposas nativas do Brasil, o graxaim-do-campo (*Lycalopex gymnocercus*), que vive nos pampas da região Sul, e a raposinha-do-campo (*Lycalopex vetulus*), natural do cerrado (do norte de São Paulo para cima, no mapa do Brasil). Pesquisadores da PUC do Rio Grande do Sul, os mesmos que descobriram os primeiros exemplares híbridos desses animais, acham que o desaparecimento de boa parte da Mata Atlântica, que antes servia de barreira entre uma espécie e outra, levou ao namoro inesperado entre as duas raposas.

E por que existe essa gradação na possibilidade de cruzamento entre espécies? Muito provavelmente porque as barreiras genéticas que impedem a hibridização surgem de maneira lenta, segura e gradual, feito o tique-taque de um relógio. Pense no que acontece quando espécies novas estão surgindo: é comum que uma população original de seres vivos se divida em duas (ou mais) subpopulações – talvez pelo surgimento de um novo rio ou uma nova cadeia de montanhas criando uma barreira entre elas, talvez porque uma parte daquela população emigrou e foi colonizar uma nova região, enquanto a outra parte ficou na região natal. Bem, a separação ou a distância vai fazer com que as subpopulações troquem cada vez menos genes (via cruzamento) entre si. Além disso, o tal tique-taque que a gente acabou de mencionar – ou seja, as mutações no DNA, que sempre estão acontecendo – vai continuar. E vai continuar de um jeito ligeiramente diferente em cada população, porque, afinal de contas, é algo aleatório, dependente de erros casuais no processo de cópia do material genético.

O resultado em longo prazo, conforme milênios e milhões de anos vão transcorrendo, é que as populações separadas tendem a ficar cada vez mais *geneticamente incompatíveis* entre si. Ou seja, o acúmulo de mutações diferentes no DNA leva a uma dificuldade de produzir filhotes viáveis ou saudáveis quando aquelas populações se reencontram muito tempo depois de se separarem. Esse processo pode até ser acelerado por fatores mais específicos. De repente, por exemplo, a necessidade de se adaptar a parasitas diferentes num novo *habitat* tem impacto sobre a diversidade de genes ligados ao sistema imune (de defesa) do organismo de uma população, e isso, por sua vez, mexe com a compatibilidade reprodutiva dela com outras populações (já que a gestação também interfere no sistema imune). Ou as fêmeas de certo grupo desenvolvem uma preferência por machos que produzem canções de acasalamento na frequência X em vez de na frequência Y, o que fortalece a separação entre populações. Enfim, muita coisa pode acontecer.

Hora de voltar para os nossos hominíneos namoradeiros. Por que, então, para a maioria dos pesquisadores, faz sentido considerar que cada um deles é uma espécie diferente? Por causa da história evolutiva única e separada, como explicamos — centenas de milhares de anos ao longo dos quais neandertais e humanos anatomicamente modernos seguiram suas próprias trajetórias, trocando bem mais genes entre si do que uns com os outros. Esse processo foi gradual, como a gente já viu, e aconteceu de modo suficientemente intenso para produzir alguma incompatibilidade entre os genomas de ambas as criaturas — há evidências disso no DNA, inclusive —, mas, pelo visto, não uma incompatibilidade reprodutiva total.

DAS MITOCÔNDRIAS AO NÚCLEO

Investigar diretamente esse processo não foi brincadeira. A cena do começo deste capítulo, rememorada por Pääbo em seu livro *Neanderthal man: in search of lost genomes* ("Homem de Neander-

tal: em busca de genomas perdidos"), refere-se apenas a um trechinho do mtDNA ou DNA mitocondrial, presente só nas mitocôndrias, as organelas (*grosso modo*, pequenos órgãos) que produzem energia dentro das células de criaturas como nós.

O mtDNA é um "texto" curtinho — 16.500 pares de letras químicas, ou seja, mais ou menos o tamanho de uma reportagem média numa revista mensal — e provavelmente está separado do DNA do núcleo das células porque as mitocôndrias já foram bactérias de vida livre bilhões de anos atrás. Em algum momento, elas se fundiram às células dos nossos ancestrais e lá ficaram até hoje, em simbiose quase perfeita com o seu novo ambiente celular. Por motivos que ainda não estão 100% claros, o mtDNA quase sempre é herdado apenas pelo lado materno, o que significa que tanto homens quanto mulheres possuem apenas o mtDNA de suas mães, vindo, originalmente, do óvulo fecundado. Cada célula do seu corpo pode ter centenas ou até milhares de mitocôndrias e, portanto, de cópias do DNA mitocondrial. E o mtDNA também costuma ter taxas relativamente elevadas de mutação em determinadas partes de seu "texto".

Legal, mas por que tudo isso é relevante para quem estuda o genoma de hominíneos extintos? Para começo de conversa, porque é (relativamente) mais fácil obter amostras de mtDNA a partir de ossos de milhares de anos, pelo simples fato de que havia muito mais cópias dele no organismo original do que cópias do genoma "principal", aquele que mora no núcleo celular. Não foi à toa, portanto, que o mtDNA neandertal foi o primeiro a dar o ar de sua graça molecular. Segundo ponto: justamente por variar bastante, mas não sofrer o processo de "mistura" que a reprodução sexuada gera entre dois indivíduos, e também por seu DNA não ser utilizado para montar a composição física do organismo (deixando-o suscetível à seleção natural), esse tipo de material genético é útil para distinguir espécies proximamente aparentadas, e foi esse um dos motivos que permitiu ao nosso amigo Matthias Krings afirmar "Não é humano" com tanta propriedade. Terceiro elemento a destacar: o mtDNA, coitado, conta apenas um pedaço relativamente pequeno da história genética de uma população.

O fato de ele ser transmitido apenas pela via materna, por exemplo, significa que até uma mãe com tremendo sucesso reprodutivo — imagine que ela tenha tido uns dez filhos saudáveis ao longo da vida — pode não o passar adiante. Basta ela não ter filhas, o que acontece com bastante frequência, aliás. Com isso, o mtDNA dela (e o de sua avó, e o de sua bisavó, caso ela não tenha irmãs) acaba sumindo da população. E a herança genética mitocondrial também não nos diz quase nada do ponto de vista *funcional*, ou seja, sobre como era o organismo daquele sujeito, com exceção de alguns detalhes importantes, mas extremamente específicos, relativos ao funcionamento das próprias mitocôndrias.

Durante quase uma década, portanto, Pääbo e companhia, bem como cientistas de outros laboratórios, tiveram de se contentar com a análise do mtDNA neandertal (e de outros organismos extintos não hominíneos que eles estudavam). Meio frustrante, é verdade, mas isso pelo menos serviu para que eles aprendessem, na base de tentativa e erro, a diferenciar DNA antigo legítimo de DNA moderno que simplesmente contaminou a amostra de fósseis usada na análise. Se nunca tinha passado pela sua cabeça que isso poderia ser um problema, considere o seguinte: boa parte da poeira que você vê flutuando no ar do seu quarto, romanticamente iluminada por aquele raio de sol que chega da janela, é composta por *fragmentos de células humanas* (principalmente as da pele).

Ou seja, tem DNA humano a dar com o pau voando à sua volta neste exato momento. Cada espirro, gotinha de cuspe etc. que sai das suas mucosas também está cheio de material genético. (Pääbo conta como ficou horrorizado quando viu o curador de um museu usando a ponta da língua para checar se certo fóssil tinha recebido uma camada de verniz — isso aí era contaminação com DNA na certa.) O mesmo vale para quase tudo o que tiver origem biológica: patinhas de formiga, grãos de pólen, esporos de fungos, bactérias que se banquetearam com restos de carne aderidos aos ossos no passado... a lista não acaba.

Para minimizar esses problemas e chegar ao verdadeiro DNA humano antigo, os pesquisadores do ramo tiveram, primeiro, de virar maníacos por limpeza. O ideal era trabalhar com ossos recém-obtidos em escavações, os quais eram cuidadosamente embalados e manuseados apenas com luvas. Tais ossos eram enviados diretamente para laboratórios que se dedicavam apenas ao sequenciamento ("leitura") de DNA pré-histórico, de modo que os aparelhos nunca mexiam com material genético moderno. Todos os produtos químicos usados nesse trabalho eram entregues da fábrica diretamente na porta desse laboratório exclusivo, sem passar por nenhuma outra instalação de pesquisa. Os pesquisadores e técnicos tinham de usar roupas "de astronauta" e lavar tudo com água sanitária o tempo todo. Deu para captar o nível da paranoia, certo?

A mania de limpeza era importante, mas essa é apenas a parte externa da coisa toda. Tão crucial quanto essas medidas foi refinar a capacidade de reconhecer a "cara" do DNA antigo. Não dá para citar todas as características desse material genético estilo Matusalém, algumas muito específicas, mas uma que é simples de entender está ligada ao tamanho dos fragmentos de DNA. Quando uma célula morre, enzimas que estavam guardadinhas em compartimentos seguros acabam vazando e "quebrando" a cadeia antes longuíssima de DNA. Nos fósseis de neandertais e denisovanos, o tamanho típico dos fragmentos que chegaram até nós é de poucas dezenas de pares de letras por vez. Além disso, depois da morte de um organismo, quando os processos naturais de reparos bioquímicos da célula não estão mais ativos, o DNA também começa a sofrer transformações químicas. Uma das mais importantes é a chamada *desaminação*, que, no caso da citosina (a letra C do "alfabeto" do DNA), envolve a perda de um grupo NH_3 (ou seja, um átomo de nitrogênio mais três de hidrogênio) e a transformação da citosina em uracila, outro tipo de letra química que não existe no DNA, mas apenas em sua molécula irmã, o RNA. Se você achar um monte de letras de DNA "desaminadas" na sua amostra, é indício de que se trata de material genético antigo mesmo.

Essas foram algumas das estratégias usadas pelos pesquisadores para adquirir cada vez mais confiança nos dados de mtDNA vindos de neandertais. Ao mesmo tempo, a diversidade moderna do DNA mitocondrial dos *sapiens* estava sendo cada vez mais estudada, o que permitiu aos cientistas uma comparação detalhada das duas espécies simplesmente colocando os "textos" dos vários tipos de mtDNA ao lado uns dos outros e verificando onde a sequência de nucleotídeos (o nome dado às letras químicas) divergia. Foram essas primeiras comparações que revelaram que o mtDNA neandertal não se encaixava no espectro de variabilidade dos seres humanos modernos — de novo, se a gente pegasse duas pessoas vivas hoje, de qualquer lugar da Terra, e comparasse o mtDNA de ambas, a semelhança entre elas seria muito maior do que a existente entre qualquer uma dessas voluntárias e um neandertal. Daí a conclusão preliminar de Pääbo e companhia: não teria havido mestiçagem envolvendo os humanos de anatomia moderna e os hominíneos arcaicos europeus. Nossa espécie teria substituído completamente os neandertais no final do Pleistoceno.

Examinando essa conclusão com base no que sabemos agora, talvez tenha sido algo meio prematuro e imprudente, se levarmos em conta como o mtDNA revela uma história incompleta. Mas o dado parecia bater direitinho com outras informações novas, as da anatomia comparada e as da arqueologia. Durante algumas décadas, acreditou-se que o *Homo sapiens* teria emergido de forma mais ou menos concomitante em diferentes lugares da Terra. Segundo essa hipótese, conhecida como *multirregionalismo*, os descendentes dos primeiros *Homo erectus* a deixar a África continuaram trocando genes entre si ao longo de mais ou menos 1 milhão de anos. As novi-

181 · *Troca de casais na Pré-História*

dades evolutivas que apareciam em uma região logo eram "compartilhadas", graças à ajuda da seleção natural, com os hominíneos de outros lugares. Com o passar do tempo, as características dessas populações se modificaram de tal maneira que chegamos aos humanos modernos. Uma consequência desse modelo seria que as diferenças entre os atuais povos do planeta seriam relativamente antigas, tendo surgido já ao longo desse processo de evolução multirregional.

Ao longo dos anos 1980, 1990 e 2000, porém, triunfou a chamada hipótese *out of Africa* (ou a do "êxodo africano", em uma tradução bonitinha e não literal). Os dados de mtDNA já sugeriam, lá nos anos 1980, que a diversidade genética humana nos continentes fora da África seria, no fundo, apenas um subconjunto da diversidade genética *dentro* do continente africano. Também indicavam que essa diversidade tinha aparecido em épocas relativamente recentes — claramente há menos de 500 mil anos e possivelmente a partir de uns 200 mil anos atrás. E os dados de DNA nuclear contam uma história similar. As análises mais recentes de anatomia? A mesma coisa.

Bem... mais ou menos. Uma minoria bastante barulhenta de especialistas já enxergava sinais *anatômicos* de hibridização *sapiens*-neandertal — e não mera metamorfose do tipo multirregional — quando isso ainda não era modinha. É o caso do paleoantropólogo americano Erik Trinkaus, da Universidade Washington, em Saint Louis, e do arqueólogo português João Zilhão, hoje pesquisador na Universidade de Barcelona. Os dois se celebrizaram por sua análise do chamado "menino do Lapedo", uma criança que morreu no atual território de Portugal há cerca de 25 mil anos e que teria traços de ambas as espécies. Como o menino do Lapedo viveu ao menos 5 mil anos depois do desaparecimento dos últimos neandertais "puros" na península Ibérica e na Europa como um todo, suas características sugeririam um processo de hibridização relativamente amplo e de longo prazo entre as populações. O garoto seria o descendente de uma população mestiça que teria sub-

sistido por milênios. Vários outros exemplos semelhantes foram analisados por Trinkaus Europa afora.

Além desse debate sobre variação anatômica, estava rolando outra treta séria sobre diferenças comportamentais e culturais entre as espécies. Muita gente defendia que os neandertais eram, para colocar a coisa em termos diretos, bem mais toscos do que nós. Não tinham conseguido inventar armas capazes de ferir os animais que caçavam à distância, como os arremessadores de lanças e os arcos dos *Homo sapiens*; por isso, limitavam-se a dar estocadas em suas presas quase na base do corpo a corpo, o que lhes causava fraturas constantes, similares às de peões de rodeio, e uma consequente redução em sua expectativa de vida.

Ainda do ponto de vista tecnológico, durante muito tempo eles quase não usavam instrumentos que não fossem de pedra ou madeira (os *H. sapiens* parecem ter sido mais criativos ao utilizar chifres, ossos, marfim e outros materiais), não costuravam suas roupas (a julgar pela falta de agulhas entre seus artefatos) nem tinham ferramentas compostas por múltiplas peças. Até hoje, não há consenso sobre o que faziam com seus mortos: há evidências ambíguas de enterros e outras, bem mais concretas, de canibalismo. Os enterros, se tiverem mesmo ocorrido, seriam pistas da presença de alguma mentalidade simbólica e mítica, como a crença na vida após a morte.

Além disso, pelo menos até poucos meses antes de este livro ser publicado, também não havia evidências definitivas de que, por si sós, os neandertais tenham conseguido inventar formas de arte e de adornos corporais. O mais perto que teriam chegado disso, a tradição cultural conhecida como chatelperroniana (batizada em homenagem ao lugar da França onde foi identificada), que incluía o uso de colares de presas de animais, só emergiu entre 45 mil e 40 mil anos atrás. O período coincide com a chegada dos humanos modernos à Europa Ocidental; por isso, para alguns pesquisadores, teria sido um caso de aculturação — os neandertais teriam apenas

183 · *Troca de casais na Pré-História*

copiado esses comportamentos de humanos modernos, talvez sem nem entender direito o que estavam fazendo. Em resumo, eles teriam comportamento mais complexo que o dos demais primatas, mas não seriam plenamente *sapiens*. Por que um ancestral direto dos humanos de hoje iria se dignar a ir para a cama (ou para o chão da caverna) com uma criatura dessas?

PARECE QUE O JOGO VIROU

Esse ponto sobre a arte e os adornos corporais provavelmente vai passar por uma revisão das grandes. Nosso querido João Zilhão, um verdadeiro paladino dos neandertais, foi um dos coordenadores de dois grandes trabalhos de pesquisa que dataram exemplares de arte rupestre e colares feitos com conchas em quatro sítios arqueológicos da Espanha, espalhados por várias regiões do país. As novas datações, publicadas em fevereiro de 2018, ficaram entre 115 mil e 65 mil anos atrás, um período em que só havia neandertais na Europa. Ou seja, nossos primos troncudos, de fato, parecem ter contado ao menos com algumas habilidades artísticas e simbólicas, que se desenvolveram de forma independente das nossas. Para o leitor menos enfurnado nessas questões, pode não parecer muito, mas na verdade significa uma grande quebra de paradigma na paleoantropologia mundial, porque a capacidade de simbolismo, por décadas, foi considerada a grande sinapomorfia do *Homo sapiens* (você se lembra do que é sinapomorfia? Explicamos no capítulo 1). Descobrir que neandertais possuíam pensamento simbólico, na prática, significa descobrir que eles tinham sentimentos e ideias bastante humanos, semelhantes aos nossos (aumentando ainda mais a adequação da analogia com a Terra-Média, onde elfos, humanos, anões e orques conviviam). Além do mais, se foi uma evolução convergente, que surgiu independentemente em humanos e neandertais, trata-se de uma inovação que não foi exclusivamente nossa, e que, portanto, pode ter surgido em outras espécies, e quem sabe no futuro possa surgir de novo em outras tantas (Pirula aposta em golfinhos).

Bem antes disso, porém, Pääbo e companhia, com a ajuda de novos métodos de sequenciamento do DNA, começaram a obter dados de material genético do núcleo em quantidades cada vez maiores e, com a ajuda do mapa completo do genoma humano moderno e do genoma dos chimpanzés, puseram-se a montar um rascunho do genoma neandertal (os genomas modernos ajudam a saber onde os pedacinhos de DNA neandertal se encaixam no conjunto geral do material genético). Os pesquisadores do Max Planck continuavam firmes na sua crença de que a hibridização não havia ocorrido, até que o aparecimento de dados cada vez mais contundentes levaram a equipe alemã e seus colaboradores de outros países a mudar radicalmente de ideia.

Eis o raciocínio seguido por eles, simplificando um pouco a narrativa detalhada de Pääbo em seu livro. Em um primeiro passo, os cientistas montaram um grande mapa de SNP's (sigla inglesa para a expressão "polimorfismos de nucleotídeo único"; pronuncia-se "snip"). Ou seja, SNP's são trocas de um único nucleotídeo ou letra química de DNA por outro, que ocorrem com frequência em populações de seres vivos, como parte da variabilidade genética desses grupos, e ajudam a rastrear padrões de ancestralidade, entre outras coisas. No estudo, um conjunto de cerca de 200 mil SNP's correspondia ao número médio de diferenças desse tipo encontradas entre pares de genomas de cinco seres humanos atuais, pertencentes a cinco populações diferentes (um francês, um chinês, um iorubá da África Ocidental, um san, membro de um antigo povo caçador-coletor do sul da África, e um papua da Nova Guiné). Para não deixar dúvidas: se você comparar o DNA de um chinês com o de um francês ou o de um iorubá com o de um papua, e assim por diante, a diferença média entre eles será de 200 mil SNP's (menos que 0,01% do genoma).

E se a comparação fosse feita com o DNA de um neandertal? Bem, os SNP's dos humanos arcaicos bateram com os dos iorubás em 50,1% dos casos e com os dos san em 49,9% dos casos. Até aí, nada de mais. Mas, quando a comparação foi feita entre fran-

185 · *Troca de casais na Pré-História*

ceses e neandertais, a semelhança pulou para 52,4% — acima da margem de erro da análise, que era de apenas 0,4%. E o mesmo vale para todas as populações não africanas: os SNP's de todas elas batem com os dos neandertais numa proporção cerca de 2% maior que a dos SNP's de povos da África. (Note que essa ainda não é a conta da semelhança genética total entre não africanos e neandertais. Os SNP's são apenas uma parte do total da variabilidade do genoma.)

Uma outra análise, conduzida pelo geneticista dinamarquês Rasmus Nielsen, avaliou 15 regiões do genoma de europeus que são bastante diferentes das regiões equivalentes em genomas de africanos. Bingo: essas regiões "diferentonas" do DNA de europeus casam com as áreas equivalentes do genoma de neandertais. O jeito mais lógico de interpretar os dados era imaginar que todos os seres humanos de origem não africana vivos hoje teriam recebido uma contribuição genética pequena, mas significativa e detectável, de DNA neandertal lá atrás, quando os *Homo sapiens* começaram a deixar a África. Os resultados, publicados originalmente em 2010, foram sendo reforçados por uma série de novos estudos desde então. Hoje, a conta mais aceita é a de que haveria, em média, 2% de DNA de origem neandertal em seres humanos de origem europeia e asiática, bem como em nativos da Oceania e das Américas. As análises genômicas também permitiram calcular com mais precisão quando teria acontecido a separação populacional entre os neandertais e os nossos tataravós: entre 500 mil e 300 mil anos atrás, mais ou menos. É muito pouco em termos evolutivos: a escala de tempo é comparável à que separa os ursos-polares dos ursos-pardos (bichos que, aliás, às vezes cruzam entre si e produzem híbridos férteis).

Ainda não está claro onde nem quantas vezes a mistura interespécies aconteceu. A aparente uniformidade da contribuição genética neandertal para todos os não africanos sugere um encontro inicial no Oriente Médio, a tradicional encruzilhada entre a África e o resto do Velho Mundo, logo que os *Homo sapiens* africanos começaram a se espalhar pelo resto do planeta. Mas há quem veja uma presença ligeiramente maior de DNA neandertal entre grupos asiáticos, o que poderia indicar um segundo "namoro" mais para o interior da própria Ásia. E é claro que o processo foi uma via de mão dupla: análises de DNA de ossos de neandertais supostamente "puros" também revelaram a presença de material genético de *H. sapiens* no genoma deles.

Como acontece com quase tudo na vida, o processo parece ter incluído tanto prós quanto contras. Um dado interessante a esse respeito é que o genoma de *Homo sapiens* europeus da Idade da Pedra inicialmente inclui uma contribuição maior dos neandertais — talvez na casa dos 6%, pelo que se conseguiu detectar até agora —, mas, com o decorrer dos milênios, essa proporção vai caindo. Uma possível razão para isso foi proposta numa pesquisa assinada por Sriram Sankararaman na Universidade Harvard, nos Estados Unidos, e, claro, também por nosso amigo Pääbo. Eles analisaram os genomas de mais de mil indivíduos atuais em busca de trechos de DNA de origem neandertal e perceberam que os genes que contêm a receita para moléculas essenciais para o funcionamento dos testículos — sim, leitor, dos testículos — quase nunca têm procedência neandertal. Também é bem rara a presença de DNA dos hominíneos arcaicos no cromossomo X das pessoas de hoje; coincidência ou não, esse cromossomo frequentemente carrega variantes genéticas associadas à infertilidade masculina. Essas duas pistas levaram Sankararaman e companhia a propor que o DNA neandertal, quando misturado com o de humanos modernos, acabou levando à redução da fertilidade masculina. Por isso, com o passar do tempo, a seleção natural foi eliminando parte da contribuição genética de nossos primos troncudos, num processo conhecido como *seleção purificadora*. Pelo visto, havia mesmo incompatibilidade genética, ainda que incompleta, entre as populações.

Por outro lado, um estudo recente, coordenado por Joshua Akey, da Universidade de Washington, em Seattle (e sem coautoria de Pääbo, veja só que milagre!), indica que também houve algumas vantagens na hibridização com os neandertais — algo que os cientistas costumam chamar de *introgressão adaptativa*. Estudando o genoma de mais de 1.500 indivíduos da Europa, da Ásia e da Oceania, foram encontradas 126 regiões do DNA humano moderno com variantes de provável origem neandertal em alta frequência na população atual dessas regiões. Ou seja, nesses casos, a seleção natural parece ter *favorecido* o espalhamento de genes neandertais.

Vários desses genes estão ligados ao funcionamento do sistema imune, o que talvez indique que o cruzamento com os humanos arcaicos tenha permitido aos seus descendentes se adaptarem melhor a doenças que existiam nos novos ambientes da Europa e da Ásia. Outros genes estão associados à cor da pele, dos olhos e dos cabelos. Como os neandertais passaram a maior parte de sua história evolutiva em ambientes frios e com pouca luz solar, faz sentido pensar que os genes que continham a receita para a produção de moléculas que "constroem" a pele clara tenham sido selecionados primeiro entre eles, e os híbridos com *H. sapiens* que carregavam essa característica tenham se dado melhor no jogo reprodutivo. Isso porque, em regiões menos ensolaradas que a África, ter pele escura atrapalha a absorção da luz do sol, essencial para a produção de vitamina D no organismo (lembre-se do que explicamos lá no início do livro, quando discutimos a tolerância à lactose). Outra opção é o sucesso desses genes "cosméticos" neandertais estar ligado à seleção sexual: por motivos provavelmente arbitrários, moças e rapazes de tez mais clarinha podem ter se tornado parceiros especialmente atraentes e cobiçados — nada a ver com "superioridade" de quem tem pele clara, é óbvio.

DENISOVANOS NA OCEANIA
Enquanto estavam na reta final da montagem do mapa do genoma neandertal, Pääbo e companhia foram surpreendidos pelos dados

de DNA obtidos a partir do ossinho da caverna de Denisova, que havia chegado às mãos deles por meio de um colaborador russo. Inicialmente, foram feitas apenas análises de mtDNA, que revelaram o seguinte: fosse lá quem fosse, a pessoa que bateu as botas na caverna parecia ser *muito* diferente de nós geneticamente. Seu mtDNA tinha 385 nucleotídeos distintos do mtDNA médio de um ser humano moderno, enquanto o mtDNA neandertal difere do nosso, em média, em apenas 202 nucleotídeos. A conta feita com base apenas nessas diferenças indicava que a linhagem dos denisovanos teria se separado da nossa há 1 milhão de anos!

Diante desses dados espetaculares, os pesquisadores do Max Planck não conseguiram resistir à tentação de obter o genoma nuclear completo dos denisovanos. O resultado desse esforço veio a público na última semana de dezembro de 2010 e era um pouco menos assombroso do que a divergência profunda sugerida pelo mtDNA. Os denisovanos, na verdade, faziam parte da linhagem que deu origem aos neandertais, mas se separaram deles e passaram talvez uns 200 mil anos isolados na Ásia antes de encontrarem os seres humanos modernos.

Mais uma vez o romance estava no ar – e o resultado foi uma contribuição genética dos denisovanos correspondente a até 6% do DNA dos habitantes originais da Oceania (povos como nativos australianos, papuas e habitantes das ilhas Salomão). De lá para cá, outros estudos mostraram que, além dos nativos da Oceania, seres humanos atuais de outras regiões também carregam alguns genes denisovanos. Um desses trabalhos, que saiu quando a gente estava acabando de escrever este capítulo, identificou tais sinais de hibridização em povos do leste e do sul da Ásia e, como se não bastasse, propôs que a mistura com os denisovanos tenha ocorrido em pelo menos dois momentos diferentes durante a expansão do *Homo sapiens* pelo continente asiático. Como seria de esperar, também há dados genéticos sobre uma mestiçagem entre neandertais e denisovanos.

Você deve ter percebido que a pesquisa nessa área caminha a todo vapor – um novo estudo na revista científica *Nature*, publicado enquanto a gente finalizava o livro, trouxe dados sobre cinco novos genomas completos de indivíduos neandertais, dobrando, em uma só tacada, a quantidade de dados sobre o DNA da espécie à disposição dos cientistas (as informações são públicas, o que significa que qualquer um pode analisá-las de graça quando quiser). Por si sós, as descobertas são inegavelmente interessantes e surpreendentes, mas não podemos nos despedir deste capítulo sem pensar um pouquinho que seja nas implicações existenciais desse monte de fatos.

Não há dúvida de que somos uma espécie incrível, para o bem e para o mal; não há canto do planeta que não tenha sido alterado pela nossa presença. Mas continuamos sendo grandes macacos (pelados) de origem africana, com uma história profundamente ligada à de outras formas de vida muito parecidas conosco, com quem podíamos trocar genes e que só não chegaram até aqui por coisas que provavelmente são detalhes, notas de rodapé da seleção natural (tanto que ainda não há explicações convincentes sobre o porquê do sumiço dos neandertais há tão pouco tempo; pode ter sido pela competição direta com os humanos modernos por recursos, por conflitos com eles, ou pode ter sido por uma fertilidade ou versatilidade um pouco mais baixa dos neandertais durante as fases mais duras da Era do Gelo). Portanto, vale a pena ser humilde — e também sentir-se grato pela capacidade de compreender essa história fascinante e complicada.

REFERÊNCIAS

Uma visão geral sobre a pesquisa com DNA de hominíneos extintos
PÄÄBO, Svante. *Neanderthal man*: in search of lost genomes. Nova York: Basic Books, 2014.

Genoma nuclear dos neandertais
GREEN, Richard et al. A draft sequence of the Neandertal genome. *Science*, v. 328, n. 5979, p. 710-722, 2010.

Genoma nuclear dos denisovanos
REICH, David et al. Genetic history of an archaic hominin group from Denisova Cave in Siberia. *Nature*, v. 468, p. 1053-1060, 2010.

Visão mais atualizada sobre a contribuição dos dois hominíneos para o genoma humano moderno
WALL, Jeffrey D.; BRANDT, Debora Yoshihara Caldeira. Archaic admixture in human history. *Current Opinion in Genetics & Development*, v. 41, p. 93-97, 2016.

As duas hibridizações entre humanos modernos e denisovanos
BROWNING, Sharon et al. Analysis of human sequence data reveals two pulses of archaic Denisovan admixture. *Cell*, v. 173, p. 1-9, 2018.

As vantagens da hibridização
GITTELMAN, Rachel et al. Archaic hominin admixture facilitated adaptation to out-of-Africa environments. *Current Biology*, v. 26, n. 24, p. 3375-3382, 2016.

As desvantagens da hibridização
SANKARARAMAN, Sriram et al. The genomic landscape of Neanderthal ancestry in present-day humans. *Nature*, v. 507, n. 7492, p. 354-357, 2014.

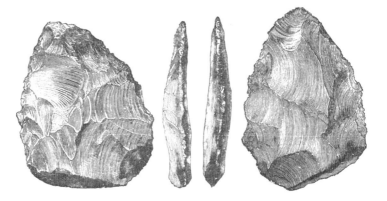

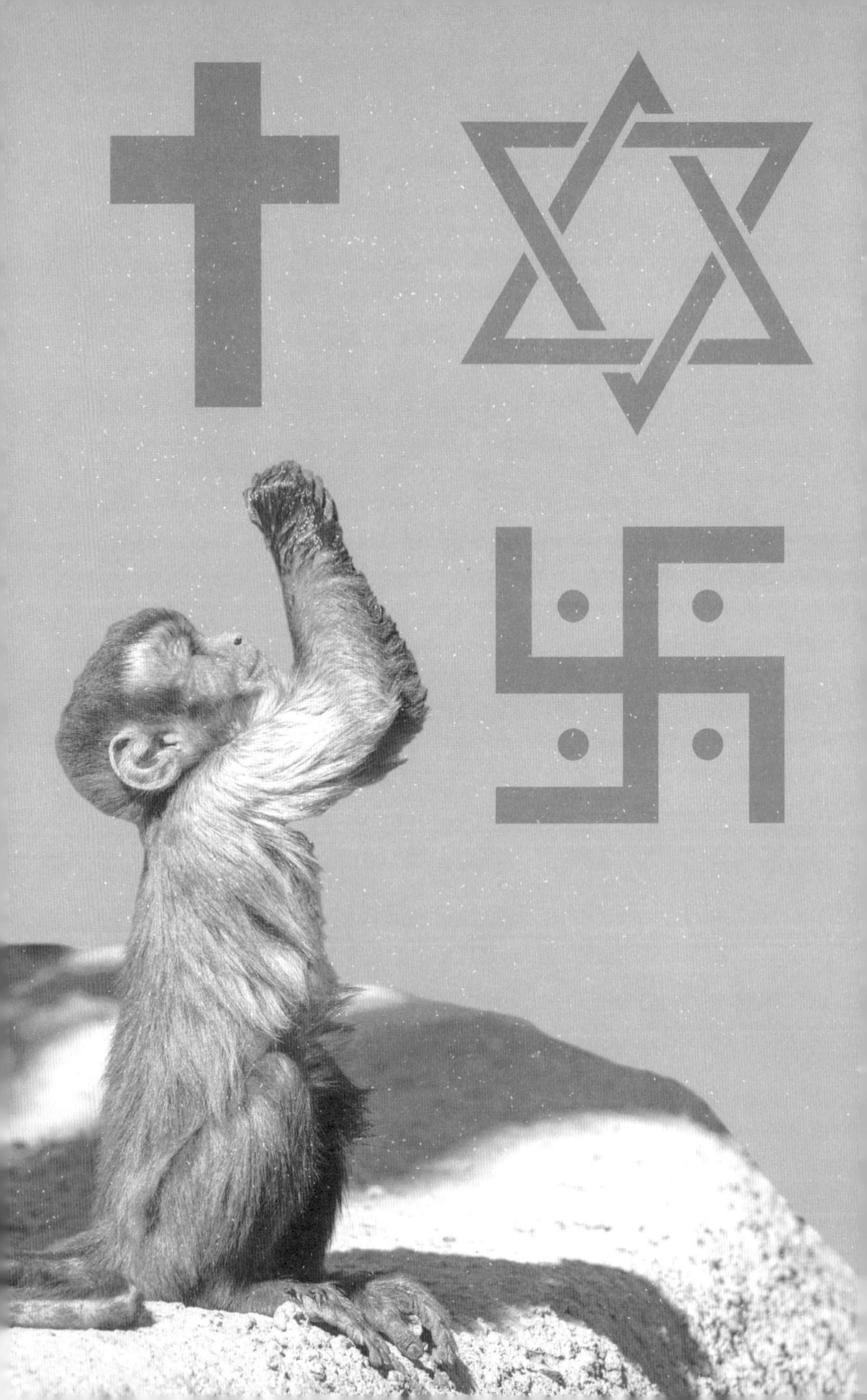

Existem muitas caricaturas ridiculamente erradas da teoria da Evolução circulando por aí, mas uma das mais feias é aquela que a gente já encontrou brevemente no capítulo 1: a de que tudo na biologia poderia ser resumido à tal "luta pela sobrevivência".

Ora, luta pela sobrevivência equivale a dar pancada em todo mundo, certo? "A vida é combate/ Que os fracos abate/ Que os fortes, os bravos/ Só pode exaltar", como escreveu o poeta romântico brasileiro Antônio Gonçalves Dias (1823-1864), aquele sujeito de quem todo mundo quer fugir nas aulas de literatura do ensino médio (injustiça, porque o cara mandava bem). Se Gonçalves Dias estava correto em sua "Canção do tamoio", então a única lei do "darwinismo" é a lei do mais forte. Os outros que se danem. DARWIN ERA NAZISTA, mano!

Não, caro leitor. Esqueça tudo o que acabamos de escrever. Esse papo todo é uma baboseira tremenda.

Este capítulo não tem o objetivo de defender as posições políticas de Darwin (embora, de passagem, valha a pena lembrar que várias gerações da família do cara, incluindo ele próprio, militaram pelo fim do tráfico de escravos e pela abolição da escravatura

— não parece muito nazista, portanto). Nossa meta aqui é explicar o que especialistas em comportamento animal, antropólogos, psicólogos, economistas e até matemáticos e cientistas da computação andaram descobrindo sobre as origens evolutivas das nossas noções do que é certo e errado.

As formidáveis capacidades combinadas dessa galera toda têm revelado que, nas circunstâncias corretas, regras de conduta muito mais gentis do que a tradicional "cada um por si e Deus contra todos" acabam aparecendo e podem ser favorecidas pela seleção natural. Segundo esse ponto de vista, o homem-primata do passado remoto não era um adepto do capitalismo selvagem, mas um sujeito para quem frequentemente valia a pena ser honesto, tolerante e generoso com seus companheiros. Ao mesmo tempo, tais capacidades também têm seu lado sombrio, que ainda se manifesta em todos nós quando estamos lidando com quem *não é* considerado um companheiro. Caso você ainda não tenha percebido, somos um bicho danado de complicado, que é 90% chimpanzé e 10% abelha, como escreveu o psicólogo social americano Jonathan Haidt (você vai entender essa mistura bizarra no decorrer do capítulo).

Antes de seguir em frente, porém, convém definir melhor o que a gente quer dizer com "moralidade" ou "comportamentos/emoções morais". O sentido mais importante da expressão, como os parágrafos anteriores sugerem, é *social*: as maneiras aceitáveis de tratar outras pessoas e de sermos tratados por elas. Transgressões morais, desse ponto de vista, envolvem quase sempre o mal que a gente pode fazer *a outro indivíduo* — o certo e o errado são categorias que só fazem sentido em sociedade.

A palavrinha *quase*, porém, é importante. A incrível capacidade simbólica do nosso cérebro, um "aplicativo" que provavelmente foi instalado nele não faz tanto tempo assim do ponto de vista evolutivo, também inclui a atribuição de valores morais a ações que, em tese, não envolvem vítimas ou algozes de carne e osso, mas que "agridem" um sistema de valores compartilhados pelo grupo ao qual o sujeito pertence. Se você pensou nas várias formas de religião quando leu essa última frase, acertou em cheio, mas elas são só um exemplo de um fenômeno mais geral — transgressões desse tipo também podem escandalizar nacionalistas, seguidores de determinadas correntes políticas e ideológicas etc. Essa novidade cognitiva humana, na verdade, não é tããão novidadeira assim quando examinamos todas as conexões que permitem sua existência. Em última instância, tal capacidade funciona como uma salvaguarda — ainda que simbólica, e não física — para determinado grupo de pessoas, o que, de novo, leva a gente a pensar no núcleo *social* da moralidade. E os mecanismos cerebrais que permitem que ela funcione direito são, em vários casos, gambiarras ou "puxadinhos" mentais — pequenas modificações de sistemas muito mais antigos do sistema nervoso, como o reflexo de vomitar diante de alguma coisa nojenta.

Agora que a gente já resolveu a questão das definições, vamos pensar um pouquinho com a ajuda da teoria dos jogos, aquele ramo de pesquisa no qual trabalhava John Nash (1928-2015), o gênio que sofria de esquizofrenia interpretado por Russell Crowe no filme *Uma mente brilhante*. Os elementos básicos da teoria dos jogos são a melhor introdução possível para a lógica por trás da gênese da moralidade.

O DILEMA DO PRISIONEIRO — E COMO ESCAPAR DELE

Imagine que você e um conhecido são membros de uma organização secreta de resistência contra um governo ditatorial (é mais comum usarem uma dupla de criminosos nesse cenário hipotético, mas nós somos meninos bonzinhos e não queremos brincar de bandido). Membros da polícia política do regime capturam vocês como "suspeitos de atividade subversiva" e os colocam em celas separadas (ou seja, para o governo ditatorial, somos criminosos. Deu no mesmo... hehehe).

Naquele tradicional esquema do "tira mau" e do "tira bom", os responsáveis pelo interrogatório vão falar com você. "Meu querido, se você abrir o bico na boa, colocamos você pra fora do xilindró na hora. É só me contar tudo o que sabe sobre aquele outro rapaz que a gente pegou", diz o meganha "bonzinho". "Agora, se tu não cantar e o outro moleque safado te denunciar, tu vai amargar trinta anos aqui, guri!", berra o "tira mau", completando a fala com aquela joelhada simpática nas partes baixas (e o Reinaldo entregando a nossa idade com essas gírias dos anos 1980).

Enquanto você se contorce de dor e grita chamando a mamãe, um pensamento lógico aparece milagrosamente no seu cérebro torturado. A junta de ditadores ainda não detém o poder absoluto no país, o que significa que eles precisam do apoio da opinião pública e do Judiciário (onde ainda há uma meia dúzia de juízes com um mínimo de decência) para seus atos truculentos. A lei determina que só é possível condenar alguém a uma sentença longa com o testemunho de outra pessoa — só a confissão do suposto culpado não basta. Sem isso, eles podem segurar você na cadeia durante seis meses, no máximo, em prisão preventiva, mas depois terão de colocá-lo em liberdade. Basta que seu companheiro da Aliança Rebelde Tupinambá não caia na tentação de denunciar você na hora do interrogatório. E aí, o que você faz?

Agora é que a coisa aperta. Considere que o outro sujeito detido não é seu parente, nem seu amigo de infância nem um cara por quem você colocaria a mão no fogo. A única coisa que você sabe sobre ele é o nome e o fato de ele também fazer parte da resistência. Pensando de modo estritamente lógico, qual seria a melhor decisão, independentemente do que o outro preso decidir? (Até porque você não tem como saber o que ele fará.)

Como deu para ver com base no título desta seção, esse cenário é conhecido como o Dilema do Prisioneiro nos estudos de teoria dos jogos. Parte do trabalho de John Nash envolveu justamente estabelecer qual seria a solução *ótima* (o que, em termos técnicos, significa a melhor solução possível) para esse tipo de problema, tanto que a resposta ficou conhecida como uma formulação do chamado *Equilíbrio de*

197 · *A evolução do certo e do errado*

Nash, podendo ser aplicada a uma infinidade de outros cenários. A resposta certa? Sempre dedure o outro preso. Sempre.

É simples, horrendamente simples, na verdade. Se você agir como dedo-duro e o outro presidiário ficar de bico calado, está tudo lindo — a polícia coloca você em liberdade e quem se ferra é ele. Se você ficar quieto e ele abrir a boca, acontece exatamente o contrário: acaba ficando com você o chamado *pagamento do otário* (veja só que termo técnico lindo), ao passo que o alcaguete se salva. Finalmente, se os dois acusarem um ao outro, a coisa fica péssima para ambos, mas pelo menos você não corre o risco de pagar de bonzinho enquanto o outro se safa na boa.

A gente já consegue até ver você levantando o braço para fazer uma pergunta, corroído pela dúvida, feito a Hermione numa sala de aula de Hogwarts. "Mas, se eles agirem juntos, evitando a delação premiada, não é menos pior para os dois?", questiona o leitor. "Ficar seis meses preso é melhor do que ser condenado, e ambos ficam livres." Lógico que sim, mas o problema assumido pelo Equilíbrio de Nash é que não há mecanismos para construir elos de confiança entre os dois sujeitos que estão correndo risco. Se ambos forem agentes puramente racionais, cujo único objetivo é escolher a solução que maximize suas vantagens e minimize seus riscos, e pressupondo que não voltarão a interagir um com o outro no futuro (pois ao menos um deles apodrecerá na cadeia por décadas a fio), eles vão decidir que é melhor *desertar* que *cooperar* (esses, de novo, são os termos específicos usados nos cenários de teoria dos jogos). Não há lugar para considerações morais numa situação como essa.

Legal, parabéns para o Nash e tudo o mais, só que esse cenário não é muito realista quando pensamos em indivíduos reais em grupos sociais de verdade. Antes do advento dos movimentos políticos subversivos, dos Estados totalitários e das polícias secretas, durante 99,99% do tempo de existência da espécie humana e de quase todos os nossos ancestrais primatas, nós vivíamos em grupos modestos, com algumas dezenas ou, no máximo, pouco mais de uma centena de indivíduos. Dependíamos profundamente desse punhadinho de gente para tudo, da obtenção de parceiros à cooperação para coletar comida e caçar presas, durante a vida toda.

Essas duas condições principais, a interdependência e as interações constantes de longa duração entre diversos indivíduos, fazem crescer imensamente a chamada *sombra do futuro* — ou seja, o quanto o seu bem-estar como indivíduo nos próximos anos e décadas depende da maneira como você trata seus companheiros de grupo hoje. Membros de espécies sociais, portanto, estão muito distantes da formulação clássica do Dilema do Prisioneiro quando estão lidando com seu *ingroup*, a unidade social a que pertencem, embora o *outgroup* (basicamente todo o resto do mundo) seja outra história, como veremos.

Em grupos de primatas não humanos, de hominíneos extintos ou de caçadores-coletores humanos do passado e do presente, também é importante levar em consideração algo que apareceu lá no já longínquo capítulo 1: a seleção de parentesco. Faz sentido pensar que, nas unidades sociais pequenas que foram a regra ao longo dessa evolução, havia uma proporção considerável de parentes mais ou menos próximos vivendo juntos no mesmo *bando* (sim, "bando" é o termo que designa de forma mais precisa essas sociedades ancestrais de pequeníssima escala; o que chamamos de *tribo* já envolve o nível seguinte de complexidade social, com centenas ou milhares de indivíduos). Como a gente já viu, a seleção de parentesco aumenta de cara o "investimento evolutivo" que os parentes estão dispostos a fazer uns pelos outros, mitigando, portanto, a visão egoísta de curto prazo do Dilema do Prisioneiro tradicional.

Acredita-se que fatores desse tipo sejam muito importantes para a coesão social em grupos de chimpanzés, por exemplo, porque esses bandos são *patrilocais*. Ou seja, os machos que nascem num grupo permanecem nele junto com seus irmãos, primos, tios etc. (e pais, claro, mas os pais chimpas não são nem de longe tão relevantes quanto os de seres humanos nesse contexto, porque nossos parentes símios não formam casais, levando uma vida de promiscuidade quase irrestrita). Já as fêmeas tendem a se transferir de um grupo para outro quando atingem a maturidade sexual. Cercados por seus parentes do sexo masculino, os chimpanzés machos adquiriram o hábito de formar coalizões políticas dentro do bando, bem como pequenas "milícias" que patrulham as fronteiras de seu território de forma cooperativa e muito agressiva (inclusive promovendo guerras de extermínio contra grupos rivais quando têm chance — eis um primeiro exemplo da diferença frequentemente macabra entre o tratamento dado para o *ingroup* e o dado para o *outgroup*). Um exemplo inverso disso são os babuínos, cujas fêmeas se mantêm no grupo familiar, enquanto os machos trocam de bando ao chegar à fase adulta. Mesmo assim, babuínos também são majoritariamente patriarcais, apesar de serem *matrilocais*.

Para além dos efeitos da seleção de parentesco, grupos sociais são o palco perfeito para o que os pesquisadores chamam, de um jeito aparentemente contraditório, de *altruísmo recíproco*. Em termos popularescos que decerto farão você pensar em conchavos do Congresso Nacional, uma mão lava a outra, bicho. É dando que se recebe. Coça aqui as minhas costas que depois eu coço as suas. Eis outro jeito comprovado — matematicamente, inclusive — de fugir das consequências sinistras do Dilema do Prisioneiro. Simulações computacionais mostram isso com clareza. Quando se adotam variantes da estratégia conhecida como *tit for tat* (mais ou menos equivalente à nossa expressão "olho por olho" ou, talvez, "toma lá dá cá") — na qual cada participante de um jogo econômico opta pela abordagem de começar a brincadeira cooperando com o companheiro e, nas rodadas seguintes, copia a ação tomada pelo parceiro (seja ela cooperar ou desertar) —, os lucros da dupla que segue esse caminho normalmente superam os da concorrência.

A estratégia *tit for tat* tem uma série de vantagens. Para começar, ela não exige elos de confiança prévios entre os participantes, apenas a capacidade de prestar atenção no que o outro está fazendo. Além da simplicidade — ninguém precisa ser o Einstein do bando para escolhê-la —, a abordagem tem entre seus pontos fortes o fato de ser considerada "gentil" e "não rancorosa" ou "capaz de perdoar". Diz-se que é "gentil" ou "boazinha" (o termo usado em inglês é *nice*) porque ela parte do pressuposto de que vale a pena cooperar primeiro em vez de sair dando rasteira no amiguinho logo de cara. A ausência de rancor, por sua vez, mantém o ciclo de vingança restrito ao mínimo necessário. Quem segue essa linha retalia imediatamente o comportamento traiçoeiro, mas também volta atrás na hora e coopera se, na rodada seguinte de interações, o parceiro criar vergonha na cara e agir de modo decente. (Essa, aliás, é uma característica positiva do "olho por olho, dente por dente" bíblico — e de outras tradições ainda mais antigas do Oriente Próximo — que deveria ser mais valorizada. É um tipo de raciocínio que corta pela raiz a escalada de retaliações, mantendo-a num nível relativamente decente. Num mundo sem esse tipo de legislação, a tendência é a coisa virar "olho por cinquenta mortos da sua família" e não "olho por olho", porque não há nenhuma autoridade superior que tenha a responsabilidade de impedir a vingança descontrolada. Quer um exemplo do mundo moderno? Forças de ocupação nazistas na Polônia matando cem civis poloneses aleatórios para cada soldado alemão atacado por guerrilheiros durante a Segunda Guerra Mundial.)

Além disso, as mesmas simulações computacionais indicam que provavelmente vale a pena adotar regras gerais de interação social ainda mais boazinhas que o *tit for tat* tradicional. A lógica por trás disso é a seguinte: errar é humano. Às vezes, problemas de comunicação fazem com que, de boa-fé, um indivíduo ou um grupo aja de maneira que *pareça* corresponder a uma deserção, mas sem intenção alguma de romper a cooperação com a outra parte. Só que, se o parceiro que acreditou ter sido sacaneado seguir o *tit for tat* à risca, vai sair distribuindo bordoadas para vingar o suposto insulto. O "traidor" que não quis trair ninguém, por sua vez, revidará de imediato aquela agressão aparentemente gratuita — e pronto, está todo mundo preso num círculo imbecil de retaliações no qual nenhuma das partes teria entrado de propósito caso as intenções reais dos dois lados estivessem claras (o caro leitor já deve ter imaginado que essa é essencialmente a descrição da interação das pessoas no Twitter). Os modelos matemáticos sugerem que um tal "*forgiving tit for tat*" (ou seja, "toma lá dá cá que perdoa"), no qual um dos lados deixa passar batida, de vez em quando, a aparente agressão do companheiro, consegue resultados consideravelmente mais positivos para ambas as partes (como diria Celso Russomano) do que a versão tradicional da estratégia.

Claro que nem tudo são flores. Sempre há a possibilidade de que criaturas de personalidade especialmente matreira se aproveitem de qualquer buraco nessa lógica para obter alguma vantagem com o mínimo possível de risco. Análises matemáticas também indicam, por exemplo, que vale a pena desertar da cooperação na *última* rodada de interações — isso quando você sabe que essa última rodada vai acontecer, ou seja, quando a parceria é finita. Daí, mais uma vez, a importância da tal "sombra do futuro", que inibe a tentação quando se sabe que ambas as partes estão "presas" indefinidamente ao mesmo grupo social. Que a tentação existe a gente sabe, não só com base no que conhecemos sobre a psicologia humana, mas também graças a dados curiosíssimos de estudos sobre comportamento animal. Há, por exemplo, a categoria dos peixes-limpadores, em geral sujeitos pequenininhos que se especializaram em oferecer serviços de "limpeza de pele" para peixes grandalhões, como as garoupas. Eles removem pedaços mortos da cútis, parasitas etc., contribuindo para a saúde dos bichos maiores, que chegam a fazer fila para o tratamento. A "reputação" desses dermatologistas subaquáticos depende, claro, da qualidade e da honestidade de seu serviço, mas, às vezes, no final de uma sessão, o peixe-limpador pode avançar o sinal, arrancando pedaços de tecido saudável de seu cliente e nadando feito doido logo depois, para escapar da ira do peixe maior.

Falando em reputação, por sinal, há boas razões para acreditar que essa variável é muito importante na nossa espécie, talvez ainda mais crucial que o altruísmo recíproco, porque, na prática, é muito raro que os membros de um grupo social fiquem marcando num caderninho as idas e vindas de favores que caracterizam a cooperação por reciprocidade (especialmente em lugares e épocas em que os caderninhos ainda nem tinham sido inventados). Em vez de seguir à risca o toma lá dá cá, quem vive em bandos de caçadores-coletores costuma adotar práticas de compartilhamento de bens mais "soltas". Em determinado dia, por exemplo, alguém consegue capturar uma presa mais cobiçada, grande e apetitosa (pensando nas matas do nosso Brasil varonil, digamos, uma anta). Espera-se, nesse caso, que o caçador sortudo compartilhe a carne do bichão imediatamente com todo o grupo — aliás, o mais comum é que uma pessoa que *não* caçou o animal seja a responsável por dividir a carne com a galera, justamente como forma de evitar que o matador da anta se aproveite de seu feito para ganhar dividendos "políticos", distribuindo um naco mais interessante para seus amigos de fé, irmãos camaradas, que, então, ficarão em dívida com ele. O tempo passa, outro membro do bando consegue flechar um belo e gordo porco-do-mato e há uma nova distribuição da carne para todo mundo. O grande caçador que se mostrar consistentemente generoso, sem tentar achar subterfúgios para ficar com mais carne para si e sua família imediata, sempre será incluído com generosidade similar nas repartições promovidas pelo grupo, precisamente por sua reputação de bom sujeito — mesmo que o responsável pela divisão de recursos nunca tenha recebido um favor diretamente dele. A essa lógica os especialistas costumam dar o nome de *reciprocidade indireta*.

A GREVE DOS MACACOS-PREGO E OS BEBÊS SURPRESOS

Uma questão interessante aqui é que, embora tenhamos explicado essas regras de comportamento social como se elas derivassem de um cálculo lógico e explícito feito por cada personagem da história — do tipo "Ah, se eu fizer isso, provavelmente fulano vai fazer aquilo, então, qual deve ser meu próximo passo?" —, na prática, muito pouco desse processo ocorre de forma racional. Pelo que sabemos, o que realmente acontece, na maioria dos casos, é que seres sociais de cérebro mais ou menos complexo vêm ao mundo com versões "pré-instaladas" de *emoções morais*, que são ativadas de forma relativamente fácil logo no começo da vida e, mais tarde, vão sendo refinadas pelo contexto social e cultural até chegar às regras morais explícitas que todos conhecemos e tentamos seguir (na maior parte das vezes, pelo menos).

Um estudo já clássico com macacos-prego — aqueles primatas brasileiros altamente espertos e adaptáveis, que são figurinhas fáceis em tudo quanto é zoológico do país e conseguem viver em quase qualquer pedacinho de mata por aí — deve nos ajudar a ilustrar esse raciocínio. Os primatologistas Sarah Brosnan e Frans de Waal, da Universidade Emory (em Atlanta, nos Estados Unidos), inicialmente treinaram os macaquinhos para usar dinheiro. Bom, não eram dólares, mas uma espécie de fichinha que os bichos aprenderam a trocar por comida com os pesquisadores. Na "cantina" do laboratório em Atlanta havia dois lanches diferentes à disposição dos primatas: rodelas de pepino (comida aceitável, ainda que meio sem graça, do ponto de vista dos macacos) e uvas (uma verdadeira iguaria para esses símios).

Detalhe importante: a gente estava usando o gênero gramatical masculino para se referir à espécie, mas, no caso dos experimentos de Brosnan e De Waal, o correto é dizer "macacas" — cinco fêmeas foram treinadas para comprar gêneros alimentícios, interagindo com os pesquisadores em duplas de símias. (Um dos motivos para escolher as garotas para esse experimento em vez dos rapazes foi a aguçada sensibilidade das fêmeas diante de sutilezas sociais, coisa na qual elas se assemelham às suas contrapartes humanas.) Em alguns momentos do teste, o "pagamento" com a fichinha conferia uma rodela de pepino ou uma uva a cada macaca da dupla, sendo que as duas recebiam o mesmo pagamento: ou ambas recebiam uva, ou ambas recebiam pepino. Entretanto, a sacanagem por trás da história era a seguinte: em certo ponto, as regras mudavam sem que as macaquinhas fossem comunicadas, de modo que uma delas era paga com pepino enquanto a parceira, do nada, recebia uva. E isso bem nas fuças da símia que tinha que se contentar com a tal rodela de pepino.

O que aconteceu, de modo geral? Uma Queda da Bastilha primata, uma revolta bolchevique da macacada — ou quase isso. Indignadas, algumas macacas jogaram os pepinos nas fuças dos pesquisadores (o que, cá entre nós, foi muito bem feito; o Pirula riu alto ao ficar sabendo dessa história). Outras fêmeas não agiram de modo tão esquentadinho, mas se recusaram a continuar a brincadeira: não "pagavam" mais os cientistas como tinham aprendido a fazer. A conclusão do experimento está bem no título do artigo científico publicado por Brosnan e De Waal: "Macacos-prego rejeitam pagamento injusto". Abaixo a desigualdade!

É óbvio que rolou uma certa treta científica por causa desse título (pra você ver que nem só jornalistas feito o Reinaldo são acusados de sensacionalismo nas manchetes). Alguns pesquisadores criticaram a ideia de que macaquinhos evolutivamente muito distantes do ser humano (uns 40 milhões de anos de separação entre as linhagens) teriam complexidade mental suficiente para chegar perto de formular o conceito de "injustiça" (o que, por si só, já é uma injustiça com os macacos-prego, que são a espécie de primata com o maior tamanho de cérebro proporcionalmente ao corpo, atrás apenas de nós, humanos). A equipe de Atlanta, porém, não parou de pesquisar e demonstrou que, além dos macacos-prego, grandes símios, como os chimpanzés, cães, corvos e talvez até roedores podem reagir do mesmo modo em experimentos similares. Hoje, os pesquisadores designam a reação das macacas aos pepinos no lugar de uvas com o termo *aversão à inequidade de primeira ordem*. "Primeira ordem" aqui significa "Eu primeiro, eu primeiro!", como dizia o Coringa na fita do Bátima. Esse tipo de aversão à inequidade (ou desigualdade) entra em operação quando um indivíduo vê que um companheiro de espécie está recebendo algo *melhor* do que aquilo que lhe deram. Trata-se da clássica reação "E eu, como fico nessa história?". Mas existe também a *aversão à inequidade de segunda ordem*. Essa, muito mais sofisticada e moralmente complexa, está presente quando o sujeito nota que um companheiro está recebendo *menos* do que deveria quando comparado a ele próprio e decide que o certo é reparar a injustiça ou, pelo menos, não compactuar com ela.

Bem, sabemos que seres humanos, pelo menos às vezes, agem de acordo com esse segundo tipo de aversão à inequidade. E quanto a outras espécies? De novo, nossos primos chimpas mostraram ser figuras complexas e interessantes num experimento conduzido pela equipe de Frans de Waal. Nesse outro trabalho, os pesquisadores criaram uma versão símia de experimentos conhecidos como *jogo do ultimato* e *jogo do ditador*. Os nomes são sinistros; os jogos em si, nem tanto. Em geral, joga-se em dupla. Suponha que você receba quatro notas de cinco reais. No jogo do ultimato, quem está com o dinheiro na mão tem de fazer uma proposta de divisão dos recursos para o outro. Se ele topar a divisão, ambos ficam com o dinheiro; se recusar, ninguém leva nada. Já no jogo do ditador, conforme o nome indica, quem recebe o dinheiro decide unilateralmente quanto vai dividir com o outro, que tem de aceitar.

Os resultados normais de tais jogos são um indício forte de que muitos seres humanos não são "maximizadores racionais", aqueles sujeitos que só querem o maior lucro possível para si mesmos a qualquer custo. No jogo do ultimato, considerando que temos vinte reais no total, mesmo a menor oferta possível (um jogador ficando com quinze reais e o outro só com cinco) deveria ser aceita, porque receber cinco reais é melhor do que nada. Só que, na prática, em geral, as pessoas tendem a rachar o valor pela metade, e, quando a oferta é baixa, quase sempre é rejeitada. Em vez de pensar só no lucro, de forma racional, as pessoas tendem a levar em conta critérios de justiça ou, no mínimo, evitar a fama de muquirana. Até no jogo do ditador, o comum é a pessoa dar alguma coisa para o parceiro e não ficar com toda a bolada.

E os chimpanzés? Na versão macacal do experimento, os bichos tinham de trocar fichas por bananas, de maneira que o toma lá dá cá poderia beneficiar igualmente ambos os chimpas ou apenas um deles. Ocorre que, no jogo do ditador, eles de fato deixavam seus parceiros na mão, mas, no jogo do ultimato, os resultados foram quase idênticos aos vistos entre humanos: na maioria das vezes, a oferta de repartição dos bens (bananas fatiadas, é claro) era igualitária. É muito provável que os chimpanzés que estavam controlando a distribuição de frutas tenham agido assim justamente por temer o efeito das emoções morais do parceiro — ou seja, a recusa gerada pela revolta contra a inequidade.

Tais dados são pistas importantes da relativa continuidade que existe entre as regras de comportamento adotadas por seres humanos e o que vemos em outros animais sociáveis e de cérebro avantajado. A similaridade, em si, é bem sugestiva de que há mecanismos evolutivos muito antigos embasando nossas noções do que é certo e do que é errado.

Outro jeito muito interessante de testar essa ideia é trabalhar com os voluntários mais fofinhos da história da psicologia social: bebês de alguns meses até uns 2 aninhos de idade. Faz sentido imaginar que, se até criancinhas nessa tenra idade encararem dilemas morais de forma similar aos adultos, numa fase do desenvolvimento na qual elas ainda não tiveram como aprender aquilo de forma explícita por meio de ensinamentos, provavelmente alguma forma daquela regra está incrustada na natureza humana.

Na prática, claro que não é trivial saber o que bebezinhos acham de determinado dilema

JOGUINHOS (I)MORAIS

Como funcionam os testes de laboratório sobre as noções de certo e errado

1) JOGO DO ULTIMATO

Você aceita a oferta do outro jogador?

- Um dos jogadores recebe um valor em dinheiro (digamos, dez moedas de um R$ 1)
- Cabe a ele fazer o "ultimato", ou seja, fazer uma oferta para dividir o valor com a pessoa que está jogando com ele
- Se a pessoa aceitar a oferta, ambos ficam com o dinheiro; se recusar, ninguém ganha nada
- Por motivos puramente racionais, as pessoas deveriam aceitar qualquer oferta diferente de zero — afinal, ganhar R$ 1 é melhor do que não ganhar nada
- Em geral, porém, as ofertas se aproximam de uma divisão meio a meio, porque as pessoas parecem intuir que, do contrário, serão recusadas; de fato, ofertas baixas costumam levar um "não"

Quanto você vai oferecer?

2) JOGO DO DITADOR

- Começa de um jeito semelhante ao do jogo do ultimato
- A diferença é que o primeiro jogador pode ditar o valor a ser dado ao segundo participante, que não pode recusar
- Nesses casos, o participante que é o "ditador" tende a ficar com a maior parte do dinheiro, mas raramente deixa de oferecer ao menos alguma coisa ao outro jogador

Quanto você vai dar para o outro jogador?

208 · *Capítulo 7*

moral; afinal, eles ainda estão aprendendo a falar, estão muito longe de aprender a escrever e, portanto, não dá para simplesmente perguntar a eles como interpretam esta ou aquela sacanagem. Mas, praticamente desde o momento em que deixam o útero materno, bebês humanos já conseguem fazer uma coisa crucial: enxergar (no começo, bem mal, mas, ao longo dos primeiros meses, a acuidade visual vai melhorando cada vez mais). E, assim como adultos, bebês tendem a ficar olhando mais tempo para coisas que são interessantes ou surpreendentes e menos para aquilo que já é esperado.

Com essas informações simples, os pesquisadores já conseguiram descobrir uma série de coisas. Eles bolaram, por exemplo, desenhos animados nos quais personagens que não têm aparência humana, como quadradinhos e bolinhas, envolvem-se numa série de peripécias. Digamos que, numa dessas aventuras, o Senhor Quadrado está tentando levar um pacotinho morro acima, subindo com muita dificuldade. Aí aparece o Senhor Triângulo e ajuda seu amigo Quadrado a carregar o fardo. Na história seguinte, o Senhor Quadrado continua com seu serviço de entrega de pacotes, mas agora aparece o malvado Senhor Losango, que não o deixa carregar a entrega para o outro lado do morro. As crianças pequenininhas, em média, tendem a olhar mais fixamente para as cenas em que o Senhor Losango apronta suas malvadezas, o que indica que esperavam um comportamento *pró-social*, ou seja, amigável, e ficam surpresas quando essa conduta não está presente. E o que acontece se os desenhos animados forem substituídos pelas mesmas cenas, só que representadas por fantoches, que são levados para os bebês assim que o teatrinho termina? Bem, as criancinhas preferem brincar com o Senhor Quadrado, o bonzinho da história — e, em alguns casos, resolvem dar uma bordoada na cabeça do vilão Senhor Losango só para ele deixar de ser besta. Justiça com as próprias mãos antes dos 2 anos de idade? Trabalhamos.

Por enquanto, falamos principalmente de regras que, sempre é bom ressaltar, são cruciais para o funcionamento do *in-*

group, mas que muitas vezes eram ignoradas quando as pessoas (ou os animais) estavam lidando com um *outgroup*. Os motivos para esse fato são bastante simples: no mundo primevo no qual nossa espécie evoluiu, não havia maneira alguma de mediar conflitos de forma civilizada entre dois grupos com interesses claramente divergentes. Desde então, com o advento da agricultura e a vida em sociedades complexas, entre outros fatores, surgiram alguns sistemas capazes de mediar esse tipo de conflito de maneira mais ou menos eficaz (os principais são a religião organizada e o Estado, que examinaremos rapidamente em breve). A outra possibilidade, quando a mediação não era possível ou desejada por nenhuma das partes, era que um grupo simplesmente engolisse seus vizinhos pela assimilação e pela conquista, de forma que um *outgroup* virasse *ingroup*. Ora, quando um grupo social crescia muito de tamanho, ficava cada vez mais difícil cozinhar a "cola" que unia os indivíduos pertencentes a ele, muitos dos quais não tinham elos de parentesco nem de reciprocidade (direta ou indireta, via reputação) entre si. Como resolver essa bagunça?

No caso dos seres humanos modernos, muito provavelmente com uma ajudinha do pensamento simbólico "encarnado" pelas diferenças culturais: aspectos aparentemente arbitrários na maneira de se vestir, de comer ou de se relacionar com os outros — e até memes da internet! — viraram marcadores do grupo ao qual um indivíduo pertence, indícios a respeito de quem é confiável e quem não é. Tais tabus e regras não têm relação direta com fazer o bem ou o mal a alguém, ao menos do ponto de vista objetivo, mas ainda assim ganharam conotações emocionais fortes, ligadas à identidade pessoal e de grupo. O psicólogo Jonathan Haidt, que a gente citou antes, demonstrou isso com experimentos mentais extremamente nojentos, mas inofensivos, criados para provocar o que ele chama de *moral dumbfounding* — ou seja, a sensação que você tem de que alguma coisa está muito muito errada, mesmo sem saber por que ou que mal exatamente ela poderia causar.

Os exemplos são hilários — ou horrorosos, dependendo da sua perspectiva. Imagine que o amado cachorrinho da família é atropelado e não tem "mistura" (carne, para quem não é paulista como a gente) para o almoço de domingo. Tem problema assar e comer o Totó? (Se você está gritando "nãããããoo" aí com o livro na mão, tente explicar a *razão* do seu horror em vez de simplesmente pressupor que a ideia é horrenda.) Ou então: xiiii, o Júnior não se aguentou e sujou o chão do banheiro de cocô. Não tem pano de chão aqui em casa. Mas, olha, uma bandeira do Brasil que a gente usou pra torcer durante os jogos da Copa do Mundo! Que tal limpar o banheiro com ordem e progresso? (Desculpa, a gente não resistiu à piada.)

Até onde a gente sabe, nosso amigo Haidt não é um maluco. E, do ponto de vista estritamente racional, ele está certo: ninguém sofre *nenhum* malefício com esses comportamentos. Mas muitas culturas mundo afora encaram com absoluto desprezo qualquer sujeito que faça as coisas descritas no parágrafo anterior, simplesmente porque "gente não faz esse tipo de coisa", demarcando simbolicamente — e emocionalmente — o que significa ser humano. Isso, em grande medida, é ser 90% chimpanzé (preocupado com relacionamentos e reciprocidades) e 10% abelha (uma criatura que se define como membro de um grupo fazendo o que o grupo faz).

CADÊ SEU DEUS AGORA, HEIN?

É muito natural que ao menos alguns leitores estejam se perguntando, a esta altura do capítulo, onde é que Deus (ou os deuses, ou os espíritos ancestrais, ou quaisquer outros tipos de entidades sobrenaturais em que as pessoas acreditam por aí) pode ser encaixado nessa história. Afinal de contas, muita gente ainda considera as orientações religiosas extremamente importantes para sua formação ética, e há quem seja incapaz de conceber ateus moralmente corretos. Nós, autores deste livro, temos

perspectivas religiosas pessoais muito diferentes (o Pirula é um dos ateus mais conhecidos do Brasil, o Reinaldo é um "ilustre desconhecido" católico da roça de São Carlos), mas isso não nos impede, nem de longe, de usar de forma objetiva as evidências científicas disponíveis hoje para analisar como a crença em divindades influenciou o desenvolvimento da moralidade humana.

Primeiro mito que é vital a gente lançar por terra logo de cara: a associação entre ateísmo e "imoralidade" é completamente espúria. *Isso non eczíste*, como diria o padre Quevedo. Ateus não comem criancinhas. Aliás, há inclusive uma associação entre a *baixa* religiosidade média de alguns países e fatores como menor criminalidade, menos desigualdade, maior nível educacional etc. – é o que vemos claramente em nações da Escandinávia e, em menor grau, na Europa Ocidental como um todo, bem como na Nova Zelândia e na Austrália. Sociedades podem funcionar de forma extremamente decente para todo mundo sem que a falta de fé em divindades atrapalhe a festa de alguma maneira. Isso não quer dizer, porém, que o ateísmo, o agnosticismo ou o indiferentismo religioso desses países tenha *causado* o avanço econômico e social deles. Faz mais sentido imaginar que a despreocupação da maioria desse pessoal em relação a figuras divinas seja um subproduto de outros processos, como a estabilidade e a prosperidade econômicas e o alto nível educacional. De um jeito ou de outro, a mensagem está clara: dá para ser bom e até *muito* bom sem Deus, sim, senhor.

Legal, ateus em festa e tudo o mais, mas e quanto às origens das sociedades humanas? Bom, tem muita gente fazendo trabalhos comparativos interessantes sobre a visão que as mais diferentes culturas da nossa espécie têm sobre seus deuses. Um desses sujeitos é Ara Norenzayan, psicólogo de origem libanesa da Universidade da Colúmbia Britânica, no Canadá, e autor de um livro chamado *Big Gods* ("Deuses grandes"). Como vimos, no "módulo básico" social do *Homo sapiens*, formado por bandos modestos de caçadores-coletores, processos como seleção de parentesco e altruísmo recíproco parecem ser suficientes para explicar o aparecimento de emoções morais muito semelhantes às que ainda sentimos hoje. Até onde a gente sabe, não é necessário propor que, no caso dessas sociedades, a religião tenha ajudado a estabelecer crenças sobre o que é certo e o que é errado — mesmo porque, repare só que interessante, os seres sobrenaturais nos quais caçadores-coletores costumam crer tendem a ser *amorais*.

Isso mesmo. Membros desses povos podem preparar oferendas para deuses ou espíritos ancestrais, mas não esperam, de modo geral, que tais entidades recompensem seu "bom comportamento" com prosperidade nesta vida ou um lugar confortável no Além, diferentemente do que acontece com os fiéis das deidades mais populares dos dias de hoje. Um levantamento feito com dados de 18 sociedades diferentes de caçadores-coletores mostrou que apenas quatro delas adoram deuses que proíbem o ato de enganar as pessoas, e só sete culturas dessa amostra têm divindades que condenam o assassinato (mano, é muito pouco!). Uma amostragem bem maior e mais misturada, dessa vez envolvendo quatrocentas culturas não industrializadas — o que significa que, nesse conjunto, temos tanto caçadores-coletores quanto agropecuaristas "primitivos" —, revelou que apenas um quarto desses grupos cultua divindades que cobram comportamento ético de seus seguidores. Note bem, isso não significa, de maneira alguma, que tais sociedades não possuem regras de moralidade sobre esses temas. Pelo contrário, todas elas têm códigos morais que não são tão diferentes assim dos que eu e você seguimos ou deveríamos seguir, só que a religião e os deuses, muitas vezes, não são vistos como "fiéis da balança" do certo e do errado. Na maior parte dessas culturas, a religião serve apenas para dar aquela puxada de saco básica em forças sobrenaturais poderosas e imprevisíveis (a famosa "barganha com o divino") e não para ensinar que é feio socar a fuça do amiguinho.

O mesmo estudo comparativo sobre as tais quatrocentas culturas, além disso, também dá uma pista sobre como os deuses foram adquirindo as características moralizantes (ou moralistas, se você preferir) que se tornaram tão centrais em muitos deles hoje. É que, quanto maior a complexidade social e econômica de uma cultura, maior a chance de ela venerar divindades "moralmente preocupadas". Foi desse fato que veio o conceito de "deuses grandes" que está no título do livro de Norenzayan. Ele argumenta que esse tipo de ser sobrenatural – virtualmente onisciente, em especial no que diz respeito às transgressões humanas, e preocupado em fazer valer as regras de bom comportamento – deve ter se tornado importante quando deixamos de viver em grupos relativamente pequenos e passamos a interagir cada vez mais com um grande número de completos estranhos. Os deuses grandes seriam as deidades ideais para povos que habitavam cidades com milhares de habitantes e eram governados por reis ou magistrados em unidades territoriais e políticas grandonas, que chamamos de Estados.

A lógica por trás dessa ideia é a seguinte: em sociedades citadinas (olha só que bela palavra) e organizadas com base em Estados, os motivos humanos "naturais" para não sair matando o próximo nem passar a perna nele somem. A imensa maioria dos habitantes de uma cidade e dos cidadãos de um Estado não tem parentesco algum com as pessoas que encontra casualmente na rua todo santo dia (nada de seleção de parentesco operando, portanto); em muitos casos, as interações com os sujeitos de quem você compra comida, para os quais você vende seus produtos ou mesmo ao lado dos quais você vai para a guerra são rápidas, superficiais ou do tipo "uma vez e nunca mais" (ou seja, o altruísmo recíproco ou até a reciprocidade indireta também contam com poucas oportunidades para operar decentemente; dá para guardar na cabeça a reputação de algumas centenas de pessoas, mas não de dezenas de milhares ou milhões).

Mas e se as pessoas passarem a acreditar em deuses que estão de olho em cada pisada de bola que elas dão? Bem, aí talvez a coisa mude de figura, porque a construção da reciprocidade e da reputação é "transferida", de certo modo, para um terceiro que "tudo vê", em vez de ficar restrita aos simples e limitados humanos que tomam as decisões relativas a cooperar ou desertar. O Deus judaico-cristão-islâmico que hoje é adorado por mais de 3 bilhões de pessoas parece ser a figura ideal para esse serviço — afinal, o sujeito não apenas é onisciente, onipotente e perfeito, como também pode punir transgressores tanto nesta vida quanto por toda a eternidade.

Mas não é preciso ser monoteísta (crer na existência de um deus único) para ter acesso a esse tipo de policiamento sobrenatural. Nos velhos tempos da antiga Babilônia ou da Grécia de Homero, adoradores de muitos deuses (politeístas) já atribuíam a Marduk e a Zeus, respectivamente, a eficácia da justiça divina contra os malfeitos dos homens. Segundo a escatologia do Egito Antigo, Anúbis pesava o coração dos mortos para saber de suas culpas e de seus crimes morais. Se o coração fosse mais pesado que uma pena... coitada da alma do defunto. (Aliás, tem uma cena muito interessante sobre isso no romance *Deuses americanos*, de Neil Gaiman.)

Como quase tudo na vida, essa transformação da psicologia religiosa nas sociedades organizadas em Estados veio acompanhada tanto de um bônus quanto de um ônus. Lado bom: os fiéis dos "deuses grandes" ganharam uma motivação jamais vista antes para cooperar com estranhos e confiar neles. E isso provavelmente ajudou os Estados primitivos a realizarem coisas como grandes obras públicas, cooperação defensiva e amplas redes de comércio (há estudos bem interessantes sobre como a conversão pacífica ao islã na África saariana e a conexão internacional entre comunidades judaicas espalhadas pelo Mediterrâneo levaram à formação de redes comerciais de longa distância bastante confiáveis durante a Idade Média, por exemplo). O lado ruim é, em parte, óbvio: a crença em deuses grandes, ao aumentar muito o tamanho e a coesão do *ingroup* ao qual a pessoa pertence, muitas vezes a coloca em rota de colisão clara com o *outgroup*. Em outras palavras, os "infiéis" se tornam menos dignos de confiança e precisam ser derrotados ou, no mínimo, assimilados.

Mas o problema vai além disso. Justamente porque a crença parece estar associada à ideia de "monitoramento" sobrenatural, as boas ações praticadas por religiosos muitas vezes estão ligadas a situações nas quais podem ser devidamente vistas e elogiadas por confrades, dando aquele impulso legal à reputação do bom sujeito (a famosa caridade feita só para ficar bem na fita). Mais uma vez, portanto, vale ressaltar que não há motivo algum para que religiosos se sintam moralmente superiores a não religiosos — e, por vezes, o que se vê é bem o contrário. Pelo sim, pelo não, se você é religioso, lembre-se sempre daquela famosa frase de Jesus: "Não pratiqueis a vossa justiça diante dos homens só para serdes elogiados por eles" (Mt 6,1). Fica a dica.

E as sociedades não religiosas "modernas"? Elas possuem uma porção de coisas que, de certo modo, tomaram o lugar de Deus como sistema de monitoramento de grandes grupos: Estados fortes, polícia que funciona, justiça relativamente imparcial, sistemas de previdência social. As pessoas continuam a seguir as regras (na maior parte dos casos, pelo menos) não apenas porque temem as consequências de desafiar esse aparato todo, mas também por terem assimilado culturalmente, às vezes de forma muito profunda, as justificativas ideológicas para a existência desses sistemas. Ao menos para uma parcela da humanidade, isso tem funcionado bastante bem.

REFERÊNCIAS

Resumo lindamente escrito, engraçado e emocionante sobre ambos os lados da mentalidade moral e social do ser humano
SAPOLSKY, Robert M. *Behave*: the biology of humans at our best and worst. Nova York: Penguin Press, 2017.

Um clássico evolutivo com interessantes capítulos sobre o Dilema do Prisioneiro e a estratégia *tit for tat*
DAWKINS, Richard. *O gene egoísta*. São Paulo: Companhia das Letras, 2007.

Um olhar extremamente cuidadoso sobre o comportamento moral das atuais sociedades de caçadores-coletores
BOEHM, Christopher. *Moral origins*: the evolution of virtue, altruism and shame. Nova York: Basic Books, 2012.

Sobre reações evolutivas contra aparentes injustiças
BROSNAN, Sarah Frances; DE WAAL, Frans. Evolution of responses to (un)fairness. *Science*, v. 346, n. 6207, p. 1251776, 2014.

Sobre os "instintos morais" de bebês humanos
BLOOM, Paul. *Just babies*: the origins of good and evil. Nova York: Crown, 2013. [Uma aula de Paul Bloom, psicólogo da Universidade Yale, sobre o tema do capítulo, pode ser assistida gratuitamente em: https://oyc.yale.edu/psychology/psyc-110/lecture-15.]

Sobre a relação entre a origem da crença em divindades e o comportamento moral
NORENZAYAN, Ara. *Big gods*: how religion transformed cooperation and conflict. Princeton: Princeton University Press, 2013.

Qualquer livro de Frans de Waal vale a pena, mas este aqui traz uma discussão interessante sobre empatia, moralidade e religião comparando primatas e humanos
DE WAAL, Frans. *The bonobo and the atheist*: in search of humanism among the primates. Nova York: W.W. Norton & Company, 2014.

Tudo sobre a nossa mistura "90% chimpanzé e 10% abelha" e sobre a preponderância das emoções nas decisões morais
HAIDT, Jonathan. *The righteous mind*: why good people are divided by politics and religion. Nova York: Vintage, 2013.

Capítulo 8
PASSADO RECENTE, PRESENTE E FUTURO DA EVOLUÇÃO HUMANA

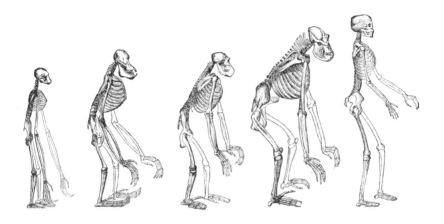

Muita gente costuma achar que o ser humano parou de evoluir. Mas estamos aqui para desmitificar esse pensamento. Assim como o tempo, naquela canção clássica do Cazuza (e se você não faz ideia de quem seja o Cazuza tá na hora de procurar algumas músicas do cara, jovem), a Evolução não para. Inclusive a dos seres humanos? Sim, inclusive a da nossa espécie.

Discernir as tendências mais recentes e o futuro da nossa trajetória evolutiva não é tarefa das mais simples – mal comparando, é como tentar desenhar o mapa de uma cidade em que se está pela primeira vez, a bordo de um ônibus que vai passando pelas ruas sem diminuir a velocidade. Mas não é de todo impossível, e temos boas razões teóricas e práticas para afirmar, sem a menor sombra de dúvida, que continuamos mudando de maneiras significativas e fascinantes, assim como acontece com as outras formas de vida. Portanto, nada mais apropriado do que terminar o livro com esse tema, incluindo algumas reflexões sobre os dilemas e as oportunidades contidos na tentativa de controlar o nosso próprio futuro evolutivo. Vamos nessa?

"MODERNO" DESDE QUANDO?

Não é muito simples traçar uma linha capaz de definir o estágio "atual" da evolução da nossa espécie, embora algumas pessoas tenham tentado. Como a gente viu no capítulo sobre o sexo entre neandertais e outros hominíneos, a visão que se tornou dominante na paleoantropologia entre os anos 1980 e os anos 2000 é a de que a gente poderia considerar a chamada "modernidade comportamental" humana um fenômeno que eclode para valer entre uns 70 mil e uns 50 mil anos atrás, época que coincide com a expansão avassaladora do *Homo sapiens* da África para o resto do mundo. Modernidade *comportamental*, é bom frisar, porque parece que a anatomia humana moderna já estava "pronta" bastante tempo antes, a julgar pelos fósseis com idade entre 300 mil e 200 mil anos que o pessoal tem descoberto no continente africano. Entre uma época e outra, alguma coisa teria acontecido, algum "clique" (certas pessoas, como o biogeógrafo Jared Diamond, da Universidade da Califórnia, em Los Angeles, já chegaram a postular que esse clique pode corresponder a mutações-chave em regiões do DNA que controlam o funcionamento do cérebro). Esse estalo teria transformado a nossa capacidade cognitiva de tal forma que deixamos de ser apenas mais uma espécie de primata africano de grande porte, um pouco mais hábil tecnologicamente que a média, para "virar gente" de vez. As marcas da modernidade comportamental seriam principalmente a tecnologia bem mais complexa (ferramentas multipeças, roupas costuradas etc.), que passou a se modificar com velocidade cada vez maior se comparada à dos milhões de anos anteriores, e o pensamento simbólico-mítico, demonstrado pela invenção dos adornos corporais e da arte rupestre, incluindo algumas imagens realmente lindas de leões, mamutes, cavalos selvagens e outras feras da Era do Gelo encontradas em cavernas.

Os achados arqueológicos mais recentes, inclusive no que diz respeito aos neandertais, sugerem que esse processo pode ter sido bem mais complicado e gradual do que um simples "Eureca!" repentino, estendendo-se ao longo de dezenas de milhares de anos, e que esse "estalo" pode ter ocorrido em mais de uma espécie de hominíneo. Seja como for, uma vez que essas características da modernidade comportamental se tornaram dominantes, teríamos virado enfim "plenamente humanos", de forma que não haveria, a partir de então, muito espaço para mudanças realmente inovadoras na nossa espécie. Nos milhares de anos seguintes, com o desenvolvimento da tecnologia e da ciência médica, fomos ficando cada vez menos sujeitos ao impacto da seleção natural — afinal de contas, hoje em dia um monte de gente que teria morrido ainda bebê consegue chegar à vida adulta e ter os próprios filhos e netos sem o menor problema. Segundo essa lógica, a evolução humana basicamente chegou ao seu ponto final, igualzinho a esta frase.

MAIS GENTE, MAIS MUTAÇÕES, NOVOS AMBIENTES

Dá para entender por que o raciocínio que apresentamos é tentador — no fundo, ele traça uma divisão clara entre nós, humanos "evoluídos" (e não "ainda e sempre evoluindo") e o resto dos seres vivos. Mas o fato é que ele não faz sentido, por dois motivos bastante simples.

O primeiro tem a ver com a tremenda expansão populacional pela qual a nossa espécie passou desde o aparecimento da tal modernidade comportamental. A diversidade genética humana é relativamente baixa se comparada a qualquer outra das espécies de grandes macacos da Terra, o que indica que todos descendemos de uma população africana que, no início, era bastante modesta — uma estimativa recente fala em algo entre 100 mil e 300 mil indivíduos, a mesma ordem de magnitude de uma cidade de porte médio do interior de São Paulo, digamos. (A relação entre uma coisa e outra não é complicada de entender: em média, uma população inicial pequena teria pouca "matéria-prima" para gerar diversidade genética — voltaremos a esse ponto em breve.) Há cerca de 10 mil anos, quando o Holoceno começou e a agricultura e a criação de animais iniciaram sua expansão mundo afora, éramos talvez 1 milhão de seres humanos. No tempo de vida de Jesus de Nazaré e do imperador romano Augusto, 2 mil anos atrás, a população global já tinha pulado para algo entre 150 milhões e 300 milhões de habitantes. E, na década de 2020, chegaremos a 8 bilhões de pessoas, se Deus e/ou Darwin quiser.

Tudo isso significa, do ponto de vista do DNA, exatamente o contrário do que valia para a população inicial pequena da humanidade moderna: mais diversidade genética sendo produzida. Lembre-se de que erros de cópia — mutações — aparecem constantemente no DNA e, às vezes, são transmitidos para as gerações seguintes. Um cálculo a esse respeito publicado em 2017 indica que, para cada ano de vida, os homens acumulam em média 1,51 nova mutação em seus espermatozoides, enquanto as mulheres ganham 0,37 mutação nos óvulos a cada ano que passa (as taxas diferem entre os sexos porque os homens produzem suas células sexuais ao longo da vida toda e num ritmo muito superior ao da formação dos óvulos). Essas são as alterações no DNA que realmente importam do ponto de vista evolutivo, porque têm a chance de chegar a um futuro bebê, não ficando restritas a uma única geração. Ora, quanto mais pessoas nascem, mais mutações aparecem no chamado *pool* genético humano, ou seja, a soma da nossa diversidade genômica. Muitas dessas variantes são inúteis ou coisa pior, diminuindo as oportunidades reprodutivas de seus portadores. Mas, de vez em quando, aparece alguma coisa aproveitável do ponto de vista da seleção natural. Uma população em crescimento constante significa, portanto, muito mais oportunidades e muito mais matéria-prima para que a seleção natural opere sua magia (que de mágica não tem nada).

Mas o que acabamos de explicar é só a primeira metade da equação. Eis a segunda: as coisas mudaram radicalmente para a imensa maioria dos seres humanos que nasceram desde as últimas dezenas de milhares de anos da Era do Gelo. Nesse período compa-

rativamente breve, fizemos coisas inesperadas, que pouco ou nada se comparam ao que aconteceu nos milhões de anos anteriores de nossa história evolutiva. Por exemplo: botamos nossos pezinhos em dois continentes que jamais tinham visto sequer a sombra de um hominíneo antes (as Américas e a Oceania, isso sem falar na Antártida, nos últimos séculos); espalhamo-nos por ambientes inóspitos, como o Ártico e os muitos desertos do globo, do Saara ao interiorzão da Austrália; passamos a tomar leite quando adultos (reveja o capítulo 1 a esse respeito, caso necessário), a andar a cavalo, a mergulhar para catar ostras; aprendemos a viver em cidades, a usar armaduras, a rezar em catedrais e a usar o dinheiro e a escrita.

Na prática, isso equivale à proverbial junção da fome, ou seja, o aparecimento de novas mutações derivado do crescimento populacional, com a vontade de comer, ou seja, a incrível diversificação de ambientes à qual essa população em crescimento foi submetida. "Ambientes" aqui tem um significado amplo: estamos falando tanto dos diferentes continentes e ecossistemas conquistados pela humanidade moderna quanto das variações culturais que fomos desenvolvendo durante os últimos milênios. Podemos pensar na incrível diversidade de culturas que vemos por aí (e que foi ainda maior no passado, quando a escala das comunidades humanas e a interação entre elas era muito mais modesta) como "ambientes simbólicos" que influenciam as pressões que a seleção natural exerce sobre cada indivíduo. Afinal, faz diferença para o seu sucesso reprodutivo se você raramente consegue obter alimentos ricos em açúcar ou se você planta cana-de-açúcar; se a sociedade na qual você cresceu incentiva grandes guerreiros a montarem um harém de escravas ou a serem sóbrios pais de família monogâmicos; e por aí vai. É por isso que os especialistas costumam falar em coisas como *coevolução genes-cultura* (a expressão é autoexplicativa, certo?) ou mesmo *construção de nicho cultural*, um ponto de vista segundo o qual cada cultura humana pode ser vista como um equivalente simbólico dos nichos ecológicos ocupados por uma espécie, ou seja, o papel que certo animal, por exemplo, desempenha num ecossistema

(grande predador, pequeno herbívoro etc.). Trabalhando juntos — ou, às vezes, em direções opostas —, genes e culturas têm efeitos que, após centenas e milhares de anos, conduzem linhagens biológicas e sociedades à multiplicação ou ao desaparecimento.

Essa, em suma, é a lógica por trás da hipótese de que estamos evoluindo num ritmo considerável e talvez até acelerado nos últimos milhares de anos. Hipóteses lindamente lógicas, entretanto, vivem tomando tiro, porrada e bomba da realidade (ainda bem, aliás, pois só assim a ciência avança). O passo seguinte — e indispensável — é testar a ideia com dados do mundo real. Já vimos um exemplo de como fazer isso no indefectível caso da tolerância à lactose do nosso capítulo 1. Nesse exemplo, a coisa funcionou, e conseguimos demonstrar um provável peso da seleção natural em favor dos que digerem leite na vida adulta em certas populações, graças a uma conjunção feliz de fatores: sabemos mais ou menos a data em que a pecuária leiteira surgiu no planeta, conseguimos obter DNA de pessoas que viveram antes e depois da transição entre um modo de vida e outro, foi possível comparar as frequências dos genes que favorecem a digestão de leite na vida adulta entre grupos com e sem criação de animais ordenháveis etc. Coisa linda. Mas esse exemplo só é tão bem estudado porque se trata de uma feliz exceção, na qual quase todas as pecinhas estão disponíveis e se encaixam que é uma beleza. Acontece, porém, que os biólogos já desenvolveram métodos para flagrar a "assinatura" da seleção natural no genoma mesmo quando esse tipo de montanha de dados não está disponível.

BLOCOS DE DNA

Uma dessas abordagens genômicas tira partido de outro fato fundamental que exploramos no primeiro capítulo do livro. Vamos recordar rapidamente aquela conta básica da seleção de parentesco, segundo a qual irmãos filhos do mesmo pai e da mesma mãe compartilham entre si uma média de 50% de seus genes, tios e sobrinhos compartilham uma média de 25% de seu DNA etc. – conforme o parentesco se distancia, essa divisão continua (ainda que não para sempre, porque muitos de nós acabamos nos casando com primos muito distantes, de forma que a porcentagem de parentesco acaba sendo somada "de volta" no total, após várias gerações, com alguma frequência). Já se perguntou por que você e seu irmão ou sua irmã não compartilham 100% de seus genes? Afinal, se vocês são resultado da "mistura" do mesmo pai e da mesma mãe, não era para sair "tudo igual"?

É óbvio que não é isso o que acontece no mundo real, porque nós somos organismos diploides, carregando ao menos uma cópia materna e uma cópia paterna de cada gene, em pares de cromossomos, um dos quais vindo do papai, outro oriundo da mamãe – e seus genitores, por sua vez, tinham duas cópias dos mesmos cromossomos, vindos dos avôs e avós paternos e maternos. Como vimos no capítulo 4, em algum lugar das gônadas de seu pai, durante a fabricação dos espermatozoides, uma única cópia de cada cromossomo dele estava sendo preparada para desembocar na fecundação do óvulo e, portanto, na origem do embrião que hoje é você. Essa cópia única não corresponde só ao material genético do seu avô paterno ou da sua avó paterna, mas a uma *mistura* dos dois, resultado de um processo conhecido como *recombinação* (ou, se preferir o termo acadêmico em inglês, *crossing-over*, ilustrado na figura da página 31), no qual, *grosso modo*, os membros de cada par de cromossomos ficam lado a lado e *trocam pedaços* entre si. O mesmo aconteceu durante a produção dos óvulos da sua mãe, claro. Essencialmente, é por isso que você e seu irmão só compartilham 50% de seus genes (a não ser que vocês sejam gêmeos idênticos, lógico): o processo de recombinação *nunca* produz cromossomos 100% iguais a cada rodada.

Parece que a gente se distanciou muito do nosso propósito original, que era explicar os métodos para detectar a seleção natural no genoma humano, mas essa introdução era indispensável para explicar o seguinte: a recombinação entre cromossomos acontece segundo padrões específicos. Um deles tem a ver com o fato de que esse processo, do modo como ocorre, costuma separar genes (de maneira geral, regiões do DNA) que estão distantes um do outro, e não os que estão próximos entre si ao longo do cromossomo. Com múltiplas rodadas de recombinação ao longo das gerações, só genes bastante próximos entre si ficam sem se separar, mais ou menos como duas cartas que estão uma em cima da outra quando alguém mistura um baralho – a chance de colocar justamente uma daquelas duas vizinhas num pedaço do montinho e a outra no pedaço oposto é baixa. Agora, porém, considere o seguinte: e se, em determinado pedaço do cromossomo, surgir uma mutação que confere ao seu portador o diferencial de ter grande sucesso reprodutivo? Bom, o resultado óbvio é que aquele sujeito deixará muito mais descendentes que a concorrência – com, portanto, bem mais cópias de seu DNA circulando por aí algumas gerações mais tarde. Só que nenhum descendente desse sortudo vai herdar genes isolados, mas pedaços inteiros de cromossomos, que incluem tanto a variante genética responsável pelo sucesso reprodutivo quanto um caminhão de outros genes *em volta* dela, que vão de carona nesse êxito, feito papagaio de pirata em foto de celebridade.

Justamente por causa do sucesso reprodutivo aumentado, o conjunto formado pelo gene "poderoso" e seus caronas, conhecido como

227 · *Passado recente, presente e futuro da evolução humana*

haplótipo, pode se multiplicar pela população, aparecendo num bloco único e homogêneo no genoma de diversos indivíduos, enquanto o esperado numa situação normal (ou seja, sem a interferência da seleção natural) seria que ele tivesse sido "quebrado" pelo processo de recombinação. Quando um geneticista flagra esse tipo de padrão no genoma de muitas pessoas mundo afora, trata-se de um sinal estatístico de que algum gene naquele grande bloco de DNA foi favorecido pela seleção natural e se espalhou com relativa rapidez pela população por meio do sexo. Com uma grande quantidade de dados genômicos nas mãos, o pesquisador pode usar métodos computacionais estatísticos para "peneirar" tudo aquilo em busca de assinaturas de seleção natural dessa natureza, que às vezes são designadas pela sigla inglesa EHH — *homozigosidade de haplótipo estendido* ("haplótipo estendido" são os blocões de DNA, "homozigosidade" se refere ao conteúdo geneticamente homogêneo deles).

Existem outros métodos espertinhos para investigar a possível presença de variantes de DNA (também conhecidas como alelos) favorecidas pela seleção natural no genoma. Duas populações humanas que vivem em ambientes (e/ou possuem culturas) bem diferentes e apresentam frequências distintas de alelos para o mesmo gene podem fornecer esse tipo de pista para os pesquisadores (na África Equatorial, por exemplo, prevalece o alelo 1 do gene A, enquanto na Sibéria o alelo 2 do mesmo gene é bem mais comum). E a própria comparação com espécies próximas pode ser informativa.

Outra técnica envolve colocar lado a lado as versões de um mesmo gene presentes em seres humanos e chimpanzés e verificar se predominam as mutações *sinônimas* ou *não sinônimas*. Sim, existe essa diferença, e ela lembra muito a que vemos nas palavras. As mutações sinônimas são trocas de letras químicas de DNA que não se refletem em alterações das substâncias da célula cujas receitas estão contidas no material genético, de forma que a molécula produzida pelas usinas celulares acaba sendo a mesma — algo como trocar "azeite" por "óleo de oliva" numa receita culinária. Em mutações não sinônimas, entretanto, a modificação no "texto" do DNA é suficiente para produzir novas versões de uma molécula do organismo, com consequências potencialmente importantes — agora, troca-se "azeite" por "manteiga", por exemplo. Ora, se o DNA humano sofreu uma série de mutações não sinônimas em certo gene quando o comparamos com o dos nossos primos chimpas (ou, melhor ainda, com o dos neandertais, por que não?), isso pode ser um indício de uma nova função biológica para a molécula *codificada* (ou seja, cujo código está contido) naquele gene, o que teria certo cheiro de seleção natural atuando.

Esses e outros truques do arsenal de análises genômicas têm sido aplicados com frequência cada vez maior ao DNA de milhares e milhares de pessoas do presente e do passado (sim, do passado, já que o estudo do material genético de origem arqueológica está se tornando cada vez mais prático e confiável, apesar de ainda ser bem trabalhoso). Os resultados? Bem, para começar, parece que muitas populações mundo afora conseguiram se adaptar a dietas relativamente novas do ponto de vista evolutivo. Além dos genes ligados à digestão do leite, há muitos outros que favorecem a absorção de amido, um recurso que, em geral, não é muito abundante no cardápio de caçadores-coletores, mas que se tornou bem mais presente nos pratos dos seres humanos com o cultivo em larga escala de cereais. É comum que populações com dietas ricas em amido possuam, em seu genoma, um número maior de cópias dos genes que codificam enzimas usadas para digerir esse alimento (em tese, quanto mais cópias ativas do gene, maior a produção da enzima).

Outro exemplo vem da grande diversidade de cores de pele, olhos e cabelos que vemos na nossa espécie. Parte disso tem a ver com um equilíbrio entre evitar danos causados pelo excesso de luz solar (o que favorece peles mais escuras) e permitir os efeitos benéficos dessa mesma luz para a produção de vitamina D e a incorporação de cálcio nos ossos (um fator que favorece peles mais claras; veja de novo os capítulos 1 e 6). Por outro lado, porém, não há nada de intrinsecamente melhor num cabelo loiro ou castanho nem em olhos verdes ou azuis. Essas características mais "cosméticas" podem estar pegando carona, por assim dizer, na coloração da pele, já que alguns dos mesmos genes estão associados a ambos os traços ou podem estar se multiplicando graças à seleção sexual: alguém achou a primeira loira da história ou o primeiro sujeito de "olhos puxados" tão *sexy* que seus descendentes tiveram mais oportunidades reprodutivas que a concorrência e acabaram se espalhando pelas populações europeia e asiática, respectivamente. E há ainda, é claro, os genes ligados à resistência a doenças infecciosas, submetidos a brutais pressões da seleção natural nos povos que viveram em sociedades urbanas populosas ao longo dos últimos milênios (nesses contextos é que "moléstias de multidão", como a varíola, a peste bubônica e o sarampo, conseguem evoluir, já que ou matam o sujeito, ou o deixam imune a novas infecções causadas pelo mesmo patógeno pelo resto da vida; sem vítimas fresquinhas disponíveis o tempo todo, essas doenças desaparecem). Acredita-se, inclusive, que uma variante genética que ajudou certos europeus a enfrentarem com sucesso a peste negra no século XIV também confere alguma proteção contra o vírus HIV.

Características mais complexas, ligadas ao comportamento e à capacidade cognitiva, são bem mais difíceis de investigar usando os métodos que descrevemos até aqui, mas isso não impediu alguns pesquisadores de tentar fazer esse tipo de associação. Há algumas assinaturas genômicas de seleção natural identificadas em genes associados ao desenvolvimento e ao funcionamento do sistema nervoso, com variações de população para população. Isso levou pesquisadores, como os americanos Gregory Cochran e Henry Harpending, a postular que certos lugares do mundo, onde houve o aparecimento mais consistente e duradouro de sociedades complexas, Estados e impérios (principalmente na Europa e na Ásia), tiveram essa trajetória civilizacional graças a certas vantagens genéticas. Segundo eles, teria acontecido o seguinte: uma nova versão de um gene que codifica um neurotransmissor (mensageiro químico do cérebro) teria tornado seus portadores mais tolerantes a estranhos ou com uma tendência mais cooperativa — veja o capítulo 7, por exemplo —, criando as condições para sociedades mais funcionais.

Numa escala mais restrita, os cientistas aplicam o mesmo raciocínio a grupos como os judeus asquenazes (nativos da Europa Central e Oriental, falantes do iídiche), um segmento com níveis médios de QI bastante altos e com representação elevada entre os ganhadores do Prêmio Nobel (incríveis 42% dos vencedores da láurea na categoria de medicina e fisiologia, por exemplo). Ao mesmo tempo, a comunidade judaica, por causa de seu tamanho relativamente pequeno e do costume da endogamia (casamentos apenas dentro do grupo), carrega uma série de genes associados a doenças hereditárias. Juntando essas duas coisas, os pesquisadores postulam que os mesmos genes judaicos que causam tais enfermidades quando estão presentes em duas cópias estariam ligados à inteligência mais elevada quando a pessoa tem só uma cópia deles em seu DNA. Ao longo de milênios de história judaica na Europa, na qual os membros desse povo foram levados a adotar profissões que exigem a manipulação de conceitos complexos e matemática relativamente avançada — atuavam como banqueiros e no comércio internacional, devido às proibições generalizadas de possuírem terra e se dedicarem à agricultura, que era a principal atividade da época —, teria havido uma seleção mais intensa de indivíduos portadores de genes que favorecessem esse "nicho cultural". Vale dizer que essas ideias, embora pareçam fazer algum sentido à primeira vista, ainda são altamente especulativas e estão muito distantes de ter sido corroboradas com dados detalhados. O mesmo vale para outras análises sobre comportamento envolvendo populações específicas. Considerando o que racistas já aprontaram no passado com base em estereótipos de diversos grupos humanos, todo cuidado é pouco nesse tipo de pesquisa, é claro. De maneira geral, parece muito improvável que haja grandes diferenças de inteligência entre populações, simplesmente porque não há situação em que a inteligência seja desvantajosa. Uma boa dose de ceticismo e de respeito pela diversidade da nossa espécie nunca é demais.

Esse, enfim, é o cenário do nosso passado recente, e ele parece estar razoavelmente claro para a ciência. E quanto aos possíveis futuros?

231 · *Passado recente, presente e futuro da evolução humana*

HITLER COM NARIZ DE PORQUINHO

Todo mundo tem uma boa história de pesadelo para contar, mas desconfiamos de que poucas se equiparam a esta aqui. Imagine que você é um cientista especializado em novas tecnologias de edição genômica – ou seja, técnicas para modificar o DNA com mais precisão. Um belo dia, você abre a porta do laboratório e dá de cara com ninguém menos que Adolf Hitler (1889-1945), em carne, osso, bigodinho e... focinho de porco. Sim, por motivos inexplicáveis, o nariz humano do *Führer* foi substituído pelas fuças de um suíno. O chefe supremo dos nazistas olha para você com aqueles olhos intensos que a terra já comeu e diz: "*Herr* Prrofessorr, eu estou muito interrrressada nesse seu tecnologia parrra modificar genes. Conte-me mais". (Alemães e descendentes, não se sintam ofendidos, por gentileza, mas Hitler sem sotaque austro-alemão cômico não é Hitler – o mínimo que a gente pode fazer é zoar o desgraçado.)

Ridículo, né? Acontece que uma das maiores especialistas em edição genômica do mundo conta que realmente teve esse pesadelo certa noite. Estamos falando da americana Jennifer Doudna, professora da Universidade da Califórnia, em Berkeley. Ela é uma das principais responsáveis pelo desenvolvimento da tecnologia Crispr/Cas9, normalmente chamada apenas de Crispr (pronuncia-se "crísper"). Com essa técnica, derivada de uma espécie de sistema imunológico que certas bactérias usam para se livrar de ataques de vírus, é possível identificar uma região específica do genoma, cortá-la com uma "tesoura" molecular e, se for o caso, substituí-la por outro pedaço de DNA de tamanho equivalente ao do que foi cortado. E, em princípio, dá para usar a Crispr de forma paralela, modificando vários genes ao mesmo tempo, embora os cientistas ainda estejam refinando os detalhes do método para que isso ocorra com níveis aceitáveis de segurança e precisão. Médicos, empresas farmacêuticas, o agronegócio e um caminhão de outros grupos estão todos animadinhos com as potenciais maravilhas que a Crispr, quem sabe, um dia trará – a lista inclui os suspeitos de sempre, como a cura do câncer, a produção de superalimentos combinando os nutrientes

benéficos (e, por que não, o sabor) de vários organismos num pacote só ou até bactérias capazes de comer plástico, acabando com boa parte dos problemas com lixo que enfrentamos hoje.

Só que a tecnologia também abre a porteira para a manipulação do próprio processo evolutivo humano num futuro quiçá não tão distante assim. Daí o pesadelo de Doudna com o Hitler-porquinho, que ela conta no livro *A crack in creation: gene editing and the unthinkable power to control Evolution* ("Uma rachadura na criação: edição de genes e o poder impensável de controlar a Evolução"). A obra, escrita por Doudna e por seu pupilo Samuel H. Sternberg, é uma espécie de história da descoberta da Crispr, mas também é um caso relativamente raro de uma cientista dizendo publicamente "Opa, peraí, devagar com o andor, minha gente" em relação à própria tecnologia que ajudou a criar. A pesquisadora realmente está preocupada com os riscos trazidos pelo método — e de tanto matutar sobre o problema, acabou sonhando com um nazista-suíno.

Em março de 2015, junto com outros colegas que trabalham com edição genômica, Doudna decidiu escrever um artigo para a revista *Science* conclamando pesquisadores do mundo todo a iniciar uma moratória no uso da Crispr quando houver a possibilidade de modificar o DNA de células da linhagem germinativa humana. Trocando em miúdos: por enquanto, ela e seus colegas acham que devemos evitar o uso de técnicas de edição genômica que alterem o material genético que a pessoa pode passar para seus filhos, netos e bisnetos. Enquanto não soubermos exatamente as possíveis repercussões da Crispr no funcionamento do genoma, não seria muito ético transferir esses efeitos para gerações seguintes, que, por definição, não poderão ser consultadas sobre esse rolo todo. Se for possível usar a tecnologia para curar ou aliviar doenças de origem genética em pessoas hoje vivas que não têm outra opção de tratamento, ótimo, mas alterar o futuro da evolução da nossa espécie é algo que exige muito mais cuidado. E, dependendo do rumo que isso tomasse, digamos que seria a concretização do sonho de Hitler e da ideologia nazista. No final de 2018, o pesquisador chinês He Jiankui alegou ter alterado geneticamente duas bebês gêmeas chinesas, modificando o gene CCR5 para impedir a infecção por HIV. Não se sabe se o pesquisador realmente conseguiu realizar a alteração e muito menos se uma modificação nesse gene preveniria mesmo a proliferação do HIV, porque nenhuma publicação oficial foi lançada. Até o momento da publicação deste livro, o tal pesquisador tinha sido proibido pelas autoridades chinesas de continuar os testes e teria desaparecido misteriosamente.

Esse caso deixa muito claro que vai ser difícil e, provavelmente, até impossível manter uma moratória dessas de modo indefinido (leia-se "para sempre"). A bênção e/ou maldição da Crispr é que a tecnologia é relativamente fácil de usar se comparada aos estratagemas ridiculamente complicados e imprecisos de manipulação genética que prevaleceram até poucos anos atrás. Já há "biohackers" por aí defendendo que é perfeitamente legítimo usar a Crispr num esquema "fundo de quintal", em especial se for no próprio organismo do biohacker: "O genoma é meu e eu faço o que quiser com ele", diz essa galera. Ademais, é quase certo que alguns países vão ter legislações mais permissivas que outros quando o assunto for biotecnologia, assim como ocorre hoje no que diz respeito a questões como pesquisa com células-tronco embrionárias humanas (obtidas a partir da destruição de embriões com poucos dias de vida) ou mesmo aborto.

De qualquer jeito, o lema "devagar com o andor" continua valendo, em grande parte por outros motivos, aliás bem banais. Exemplo: quando a gente estava escrevendo este capítulo, geneticistas da Holanda e de outros países publicaram um estudo sobre os genes ligados à cor dos cabelos em pessoas de origem europeia – aquele tipo de coisa que pais mimados e cheios da grana do futuro adorariam manipular ("Ai, quero uma filha loira padrão Gisele Bündchen, doutor, por gentileza"). Bem, esse estudo identificou 124 genes diferentes associados à coloração dos cabelos. E, pelo visto, eles são só a proverbial pontinha do *iceberg*. Segundo calculam os geneticistas, mesmo esse monte de pedaços de DNA só consegue ex-

234 · *Capítulo 8*

plicar 25% da variabilidade natural que produz cabelos loiros (e os números para cabelos ruivos, negros e castanhos ficam nessa mesma faixa, o que é só um pouco menos complicado de entender). Ou seja, ainda falta descobrir três quartos dos genes associados a essa característica aparentemente simples do organismo humano.

E note que flagrar os genes é a parte mais fácil. Dureza mesmo é saber *pra que diabos eles servem*, mui gentil leitor. Quando a gente diz que o DNA de uma espécie como a nossa foi "sequenciado", na prática isso significa que agora temos a biblioteca em nossas mãos, mas ainda não conseguimos ler totalmente quase nenhum dos livros — ou seja, como funcionam as proteínas e outras moléculas, grandes e pequenas, cuja receita está contida na enciclopédia do genoma. De fato, a metáfora da enciclopédia é mais adequada que a da biblioteca, porque, é claro, os "volumes" *conversam entre si*, já que todos contêm informações para a construção de uma única grande obra, que é um organismo daquela espécie. Não adianta muito enxergar cada verbete dessa enciclopédia como algo isolado. Ou, pensando de outra maneira: é como ter todas as letras de um livro na ordem correta, mas não conhecer muito bem a língua em que ele foi escrito nem saber onde uma palavra termina e a outra começa, onde vão os acentos, as vírgulas, os pontos e as cedilhas.

Isso significa que, por mais que muita gente por aí esteja doida para criar seres humanos mais belos, mais fortes, mais saudáveis e mais inteligentes, na prática a coisa é muito mais complicada, porque todas essas características dependem da interação delicada de centenas ou milhares de genes entre si e dos pequenos efeitos individuais de cada um deles — e, como nunca é demais lembrar, também da interação entre essa multidão de genes e o *ambiente*. Ambiente, bicho, é um negócio difícil de controlar, caso você não tenha reparado. E, mesmo que a gente continue pensando apenas nos genes, outro detalhe muito importante é que muito raramente um trecho de DNA vai "servir" *apenas* para construir uma característica muito específica e isolada do organismo. É muito mais provável que uma proteína codificada por um gene (ou seja, cuja receita está contida naquele gene) desempenhe a função X em tecidos da pele, a função Y no intestino e a função Z no sistema nervoso, digamos, sendo produzida pelas células em maior ou menor grau em diferentes momentos do desenvolvimento daquele organismo. Se você quiser trocar essa proteína por uma variante para colocar em prática seus planos mirabolantes de melhoramento da espécie humana, terá de levar em conta tudo isso — e, quanto mais genes você desejar alterar ao mesmo tempo, mais a rede de interações vai se multiplicar e maior será a chance de rolar uma caca das feias, caso você não saiba exatamente no que está mexendo.

Até aqui, falamos apenas da manipulação direta de nossa herança genômica. Entretanto, como você talvez já tenha visto por aí, há alguns pensadores influentes, como o futurólogo e inventor americano Ray Kurzweil, que acham que nosso futuro transcenderá a Evolução em seu sentido biológico quando nos fundirmos física e mesmo mentalmente com sistemas eletrônicos inteligentes e autoconscientes. Os dois livros de divulgação científica que mais bombaram nos últimos anos, *Sapiens* e *Homo deus*, do historiador israelense Yuval Noah Harari, vão pelo mesmo caminho. Até Dan Brown, o picare... oops, romancista que se celebrizou com o livro *O código Da Vinci*, aborda essa ideia em seu mais recente *best-seller*, *Origem*. Claro que, se um dia isso realmente ocorrer, trilhões de questões ficarão em aberto: como os humanos-máquinas do século XXII vão se reproduzir? (Havendo reprodução e hereditariedade, lembre-se, muito provavelmente haverá sucesso reprodutivo diferencial e, portanto, seleção natural, independentemente do método reprodutivo.) Será que todos os seres humanos poderão ou desejarão fazer ao mesmo tempo, ou algum dia, a transição para seres bioeletrônicos, ou mesmo 100% eletrônicos, transferindo totalmente sua consciência para sistemas não orgânicos potencialmente imortais? Qual será o impacto de tudo isso sobre os outros sistemas biológicos do planeta, já que, até onde a gente sabe, a produção e a disseminação de entidades eletrônicas e/ou híbridas continuarão a demandar matéria-prima e energia? E se os humanos 100% biológicos que sobrarem na Terra decidirem que os híbridos são uma aberração e resolverem tirar todos da tomada? (O que, considerando o nosso histórico de estranhar novidades radicais, ainda mais se forem representadas por grupos bem diferentes do "normal", não seria nada surpreendente.)

De novo, os mesmos problemas que discutimos a respeito da edição genômica valem, e muito, nesse caso. Ninguém faz a menor ideia ainda, por exemplo, de como garantir uma conexão confiável entre neurônios humanos e computadores/máquinas sem gerar uma inflamação horrorosa no cérebro da pessoa em poucos meses. Acessar a memória de um *chip* diretamente com o cérebro? Ninguém tampouco sabe fazer isso ainda. E por mais que muitos, como Kurzweil, estejam doidinhos com os recentes avanços da inteligência artificial, o fato é que ainda não existe computador nenhum no mundo com as capacidades cognitivas autônomas nem de um cachorro vira-lata, quanto mais as de um ser humano adulto.

Para saber se algum dia uma máquina vai ser capaz de pensar como nós (ou como o Totó), a gente ainda tem de responder a uma pergunta fundamental: o que conseguimos fazer com o nosso cérebro é só uma função da capacidade de processamento dele (ou seja, *grosso modo*, uma operação dos bilhões de neurônios e das trilhões de conexões que existem lá dentro)? Ou tem a ver com a arquitetura específica do troço? Se for só a capacidade de processamento bruta a responsável pela mágica da mente humana, em princípio a questão do computador autoconsciente e inteligente está resolvida: um dia a gente faz uma máquina com processador e memória RAM iguais aos do nosso cérebro e pronto. Agora, se o problema for de arquitetura, ou seja, se, para chegar à consciência e à inteligência humanas, você precisa primeiro saber exatamente como a organização do cérebro produz essas duas propriedades "emergentes" (isto é, que superam a soma das partes cerebrais), aí talvez o bicho pegue mais para o lado dos futurólogos. Enquanto essa descoberta não acontecer, nada feito: pode esquecer a chamada *singularidade*, a gloriosa fusão entre biológico e eletrônico (ou "arrebatamento *geek*", termo usado por algumas pessoas que ridi-

cularizam a ideia de singularidade, fazendo um paralelo com o arrebatamento por meio do qual, em certas crenças evangélicas, algumas pessoas são levadas de corpo e alma para o Reino dos Céus).

A premissa contida nos últimos parágrafos é a de que, aconteça o que acontecer, possíveis transformações da natureza biológica humana continuarão ocorrendo neste planetinha mesmo. Essa premissa, óbvio, pode estar errada. Pelo atual andar da carruagem, viagens tripuladas para outros planetas ainda não devem se tornar usuais e baratas pelas próximas muitas décadas (vai lá, tio Elon Musk, prova que a gente está errado!), mas "a posteridade é vasta", como disse o poeta criado por Neil Gaiman em *O livro do cemitério*. Se populações viáveis da nossa espécie se espalharem pelo Sistema Solar ou mesmo pela galáxia no futuro distante, a tendência à *especiação* — o surgimento de uma grande variedade de novas espécies humanas — em cada lugar provavelmente vai prevalecer, a não ser que a viagem entre as colônias planetárias do *Homo sapiens* se torne tão tranquila e veloz que trocas de genes significativas continuem acontecendo Via Láctea afora. Impossível? Melhor não usar a palavra, mas, no mínimo, vai ser muito, muito difícil que isso aconteça. O natural seria imaginar um retorno, em certo sentido, ao que víamos quando o gênero *Homo* estava se espalhando lentamente pela Terra: hominíneos se adaptando às condições de cada local e se distanciando, cada um à sua maneira, de suas raízes ancestrais.

Resumo da ópera: é difícil fazer previsões, principalmente sobre o futuro (como dizia um famoso técnico americano de beisebol, Lawrence Peter "Yogi" Berra, que tinha um talento incomum para frases de efeito que não faziam muito sentido). Claro que muitas dessas dificuldades poderão ser vencidas lá na frente, mas tudo o que aprendemos até hoje sugere que precisaremos quebrar muito a cabeça antes que seja possível — e desejável — manipular conscientemente o curso da evolução humana (sem falar na dos demais seres vivos, é claro). As regras que valem para o resto da vida muito provavelmente continuarão valendo para nós, que somos, antes de tudo, primatas, mamíferos e animais, galhinhos da Árvore da Vida que tiveram a sorte de desenvolver ferramentas que nos permitem entender a nós mesmos e os outros galhos. Tentemos não fazer bobagens demais nem fazer secar a seiva do tronco que nutre todos nós.

REFERÊNCIAS

Como detectar assinaturas de seleção natural no genoma humano
HANCOCK, Angela M.; DI RIENZO, Anna. Detecting the genetic signature of natural selection in human populations: models, methods, and data. *Annual Review of Anthropology*, v. 37, p. 197-217, 2008.

Interações gene-cultura em seres humanos
LALAND, Kevin N. et al. How culture shaped the human genome: bringing genetics and the human sciences together. *Nature Reviews Genetics*, v. 11, p. 137-148, 2010.

Bom resumo sobre o período mais recente da evolução humana do ponto de vista do genoma, com bastante especulação e opiniões polêmicas sobre efeitos comportamentais
COCHRAN, Gregory; HARPENDING, Henry. *The 10,000 year explosion*: how civilization accelerated human evolution. Nova York: Basic Books, 2009.

Seleção natural favorecendo cor de pele, cabelo e olhos entre europeus
WILDE, Sandra et al. Direct evidence for positive selection of skin, hair, and eye pigmentation in Europeans during the last 5,000 y. *PNAS*, v. 111, n. 13, p. 4832-4837, 2014.

Excelente discussão sobre a história do método de edição genômica Crispr e os dilemas éticos a respeito de usá-lo em humanos
DOUDNA, Jennifer; STERNBERG, Samuel H. *A crack in creation*: gene editing and the unthinkable power to control evolution. Boston: Houghton Mifflin Harcourt, 2017.

Sobre nos fundirmos física e mentalmente com sistemas eletrônicos inteligentes e autoconscientes
HARARI, Yuval Noah. *Homo deus*: uma breve história do amanhã. São Paulo: Companhia das Letras, 2016.
_____. *Sapiens*: uma breve história da humanidade. Porto Alegre: L&PM, 2018.

Sobre o poeta que disse que a posteridade é vasta
GAIMAN, Neil. *O livro do cemitério*. Rio de Janeiro: Rocco, 2008, p. 251.

Este livro foi impresso
em 2023, pela Vozes,
para a HarperCollins Brasil.
A fonte usada no miolo
é Neuton, corpo 12.
O papel do miolo é
avena 80 g/m².